逆流する津波

―河川津波のメカニズム・脅威と防災―

東北大学災害科学国際研究所
所長
今村 文彦

成山堂書店

はじめに

日本は、過去から津波の被害を受けましたが、得られた貴重な経験と教訓から地域の復興を遂げてきました。この経験の中でも、東日本大震災など最近の津波災害で注目されているのが「河川津波」です。

津波は海域から伝わり陸地に来襲しますが、いち早く河口などから入り、河川や運河・水路に沿って内陸奥深くまで遡上（さかのぼっていく）してきます。通常、河川は川上から川下へ流れていますが、地震発生の際には、川下から川上へと逆流します。東日本大震災では、津波の遡上が河口から約50 kmの場所でも記録されていました。

さらに、河岸堤防を越えて市街地などに浸入し、思わぬ方向や経路から来襲してきます。津波が船舶や木材等の漂流物を巻き込みながら河川を遡上する場合もあり，橋でせき止められて水位が増したり、これら漂流物が橋に衝突して落橋や橋桁を損傷させたりしています。さらに都市化に伴ってビル等の間から浸入する津波は、より加速しスピードを増し、突然、マンホール等から吹き出す津波も報告されています。

自然災害は、常に進化すると言われていますので、本書により、多くの皆さんに新しい津波の姿と対応のあり方を知っていただきたいと思います。

２０２０（令和２）年３月　著者

目次

目　次

目　次

〈応用編〉

目　次

目　次

第1章 津波とは? 〈基礎編〉

1.1 歴史に残された津波

今日、津波という言葉を知らない日本国民はいないと思われます。しかも「Ｔｓｕｎａｍｉ」として世界共通語にもなっています。ここでは津波について、さらに理解を深めていただきたいと思います。

まずは、歴史的な視点で津波とその特性について紹介します。

津波とは、漢字が示すように「津（港や湾）」での波を意味し、沖合では現象の認識が難しいのですが、浅い海域で波として初めて確認できます。さらに、「津」とは「船着場，渡し場」」のことで、船をつなぎとめ船に乗り降りするためには、静かな海面ほど良い場所です。沖合で津波が発生する場合、その波長（波の山から次の山までの長さ）は数十～百kmもあるのに、波高（波の高さ）は数ｍにしかならないので、極めて緩やかな水面の変化になります。これだけ勾配が緩やかでは、私たちが波として認識することは難しくなります。

しかし、沿岸に到達するにつれてだんだんと波長が短くなり逆に波高は増加し、特に港や湾内では波高が増幅するために、波として確認できるようになります。私たちの祖先は各地で丁寧に津波を観測し、適切な名称を付けたのです。

私たちが沿岸や海に出てみると、海面が変化し波打っているのが普通に見えます。これは風で起こされた「風波（かざなみ、ふうは）」や「うねり」（沖合の台風などで風波が遠くへやってきたもの）のためです。このような普通の波は３〜30秒の周期で上昇下降を繰り返していますが、外海では大きく動いていても岬など陸地で囲まれた湾の奥は波からよく守られていて、港としては格好の良い場所になります。ところが、湾奥ほど大きくなる波があることを、浜の人たちは経験的に知っていました。これが「つなみ」と呼ばれたのです。

津波が歴史に初めて登場したのが江戸時代の始め、１６１１（慶長16）年10月28日に発生した奥州地震津波＊であり、史料『駿府記』に「世日津波云々」と記されています。これは伊達政宗が徳川家康に、当時の地震や津波について報告した文章と伝えられています。さらに、「津波」という言葉ではないですが、関連した記述は紀元前４２６年エーゲ海での事例が残されています。地球史の中では、さらに古い隕石落下や津波堆積物の記録がありますので、人類の歴史と共に津波の記録があるとも言えます。

ただし、地震や気象災害に比べて頻度が低いので、記録そのものは多くはありません。また、「海嘯」「震汐」「洪浪」（ともに「つなみ」と読む）と記される時代もありました。「嘯《しょう》」は日本古来の縦笛であり、津波の先端付近での段波《だんぱ》＊が、轟音を立てて沿岸部から陸上、または河川に遡上する（さかのぼっていく）様子を表しています。

＊奥州地震津波
1611（慶長）年、旧暦の10月28日（新暦12月2日）に発生したM8.1による津波。慶長三陸地震津波ともいう。被害者数は仙台藩1700名余、盛岡藩では人馬3000余りと大きな被害をもたらしたと記録されている。

＊段波
先端部での水位差が高くなって壁のように遡上する津波。

1.2 国際語になった「Tsunami」（津波）

日本の沿岸では古来から津波による多大な被害を受け続けており、特に人的被害は著しいものがあります。日本列島は4つのプレート*の境界に位置しています（図1・1）。ここは地震だけでなく火山などの活動も活発であるため、それによって発生する津波が必然的に多くなります（図1・2）。

1896年、明治三陸地震津波*では2万2000名もの犠牲者を出し、

図1.1　日本列島での4つのプレートの位置関係

＊プレート
地球の表面を覆う、厚さ100kmほどの岩盤のこと。地球表面は、十数枚のプレートで構成されている。海洋プレートである太平洋プレート、フィリピン海プレートが、大陸プレート（北アメリカプレートやユーラシアプレート）の方へ、1年あたり数cmの速度で動いており、大陸プレートの下に沈み込んだり、プレート同士がぶつかったりしている。日本周辺では、この4枚のプレートの動きによって複雑な力がかかり、世界でも有数の地震多発地帯となっている。

＊明治三陸地震津波
1896（明治29）年6月15日午後8時ごろ三陸沖で発生したM8・2の地震による大津波。三陸沿岸を中心に死者約2万2000名、流出倒壊家屋1万戸以上という日本の津波災害史上最大の被害。

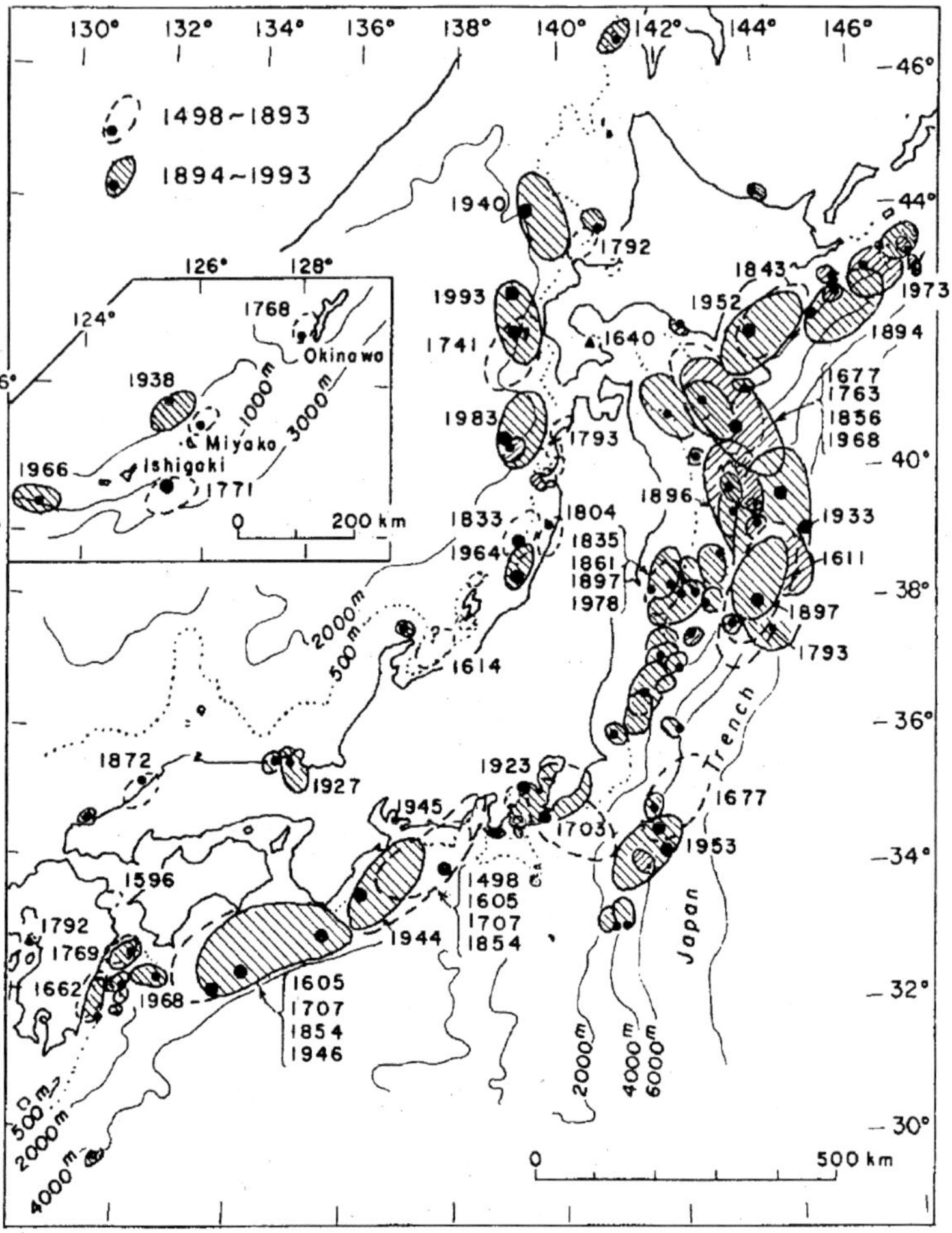

図 1.2　1498 ～ 1993 年に日本近海で発生した津波の波源域分布（羽鳥、1994）

「Tsunami」を国際語にした理由ともなりました。さらに、昭和三陸*（1933年）、南海（1946年）、北海道南西沖*（1993年）、そして、東日本大地震（2011年。気象庁による地震名は東北地方太平洋沖地震）などが発生しています。その他、国内外の主だった津波をまとめました。（表1・1）

過去（約400年間）の世界各地での史料を見ると、世界における津波犠牲者の3割強が日本で生じており、最近の主な地震活動でも、約2割が日本で発生しています。（図1・3、図

表 1.1　最近の主な津波と人的被害

発生年	津波名	被害概況（注）
1896（明治 29）年	明治三陸地震津波	死者 21,959
1933（昭和 8）年	昭和三陸地震津波	死・不明 3,064
1944（昭和 19）年	東南海地震津波	死・不明 1,183
1946（昭和 21）年	南海地震津波	死・不明 1,443
1946 年	アリューシャン地震津波	死・不明 165
1960 年	チリ沖地震津波	死・不明 142
1964 年	アラスカ沖地震津波	死 131
1964（昭和 39）年	新潟地震津波	死者 26
1983（昭和 58）年	日本海中部地震津波	死者 104
1993（平成 5）年	北海道南西沖地震津波	死・不明 230
2004 年	スマトラ地震およびインド洋沖大津波	死・不明 230,000 以上
2011（平成 23）年	東北地方太平洋沖地震津波（東日本大震災）	死・不 22,252
2018 年	インドネシア・パル地震津波	死・不 2,000 以上
2018 年	インドネシア・スンダ海峡クラカタウ火山噴火津波	462

（注）気象庁 HP、内閣府 HP「防災情報のページ」より作成。

*昭和三陸地震津波
1933（昭和8）年3月3日午前2時半ごろ三陸沖で発生したM8・1、震度4～5の地震による大津波。死者・行方不明者3000名超、流出倒壊家屋7000戸弱。高さ28mを超える津波が発生。

*北海道南西沖地震津波
1993（平成5）年7月12日22時17分頃、北海道南西沖を震源とするM7・8の地震が発生、北海道や東北地方の各地で震度5の強震を観測。地震計が未設置であった奥尻島では、推定で震度6の烈震。北海道から東北地方にかけての日本海側では大津波も発生、震源地近くの奥尻島では、高さ最大21m（藻内地区）の津波が地震後数分間のうちに襲来したとされる。死者202名・行方不明28名。

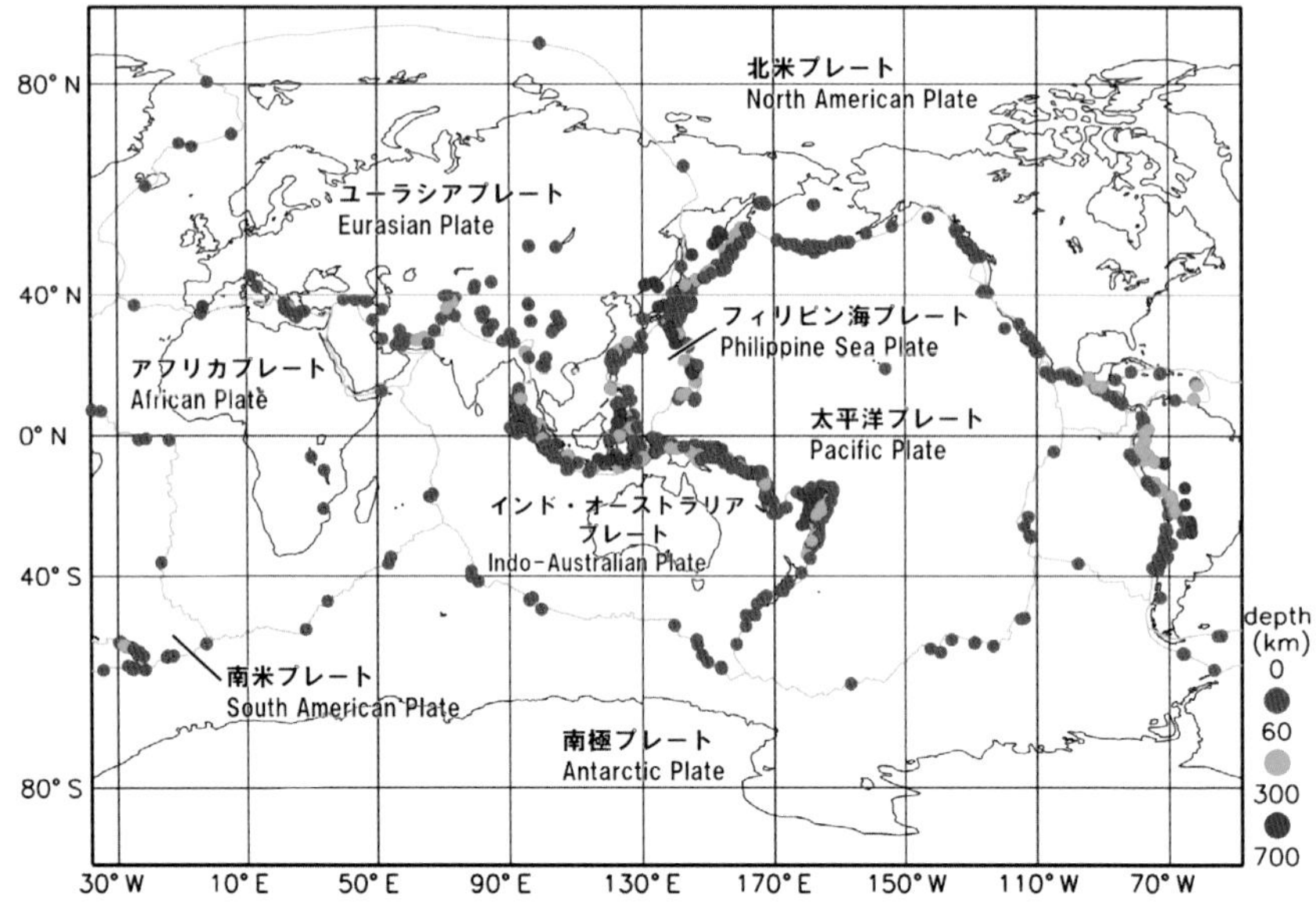

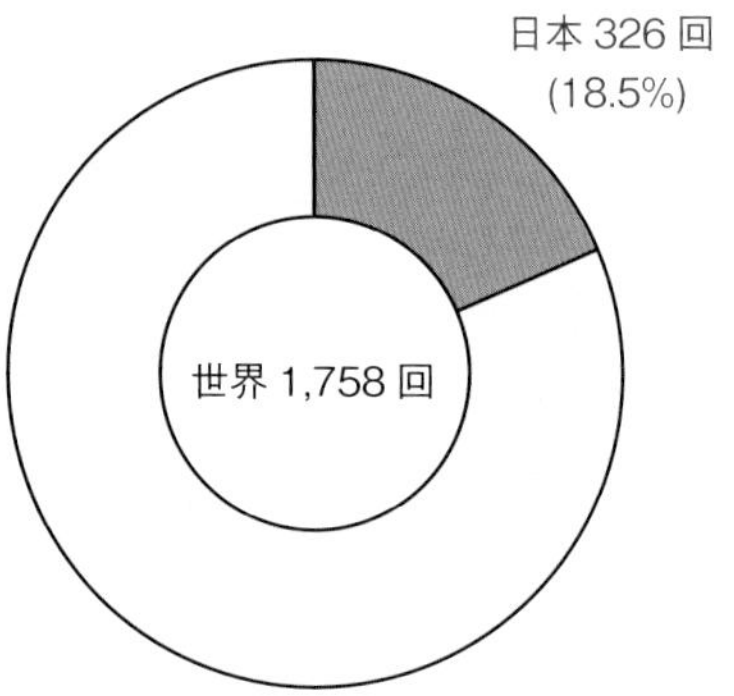

図 1.3　世界での地震分布（上）と日本での発生の割合

（出典：内閣府、『平成 26 年 防災白書』）

1・4）それだけ日本周辺の海底で地震が多いということになります。

「Tsunami」という言葉は、1946年アリューシャン地震津波（20ページ参照）、1960年チリ地震津波（18ページ参照）などを経て、まずは学術用語として世界に定着しました。それまでは、「tidal wave（潮汐）」「sea seismic wave（海での地震関係の波）」などといわれ、ハワイ大学のコックス博士は、「こうした現象を、こ

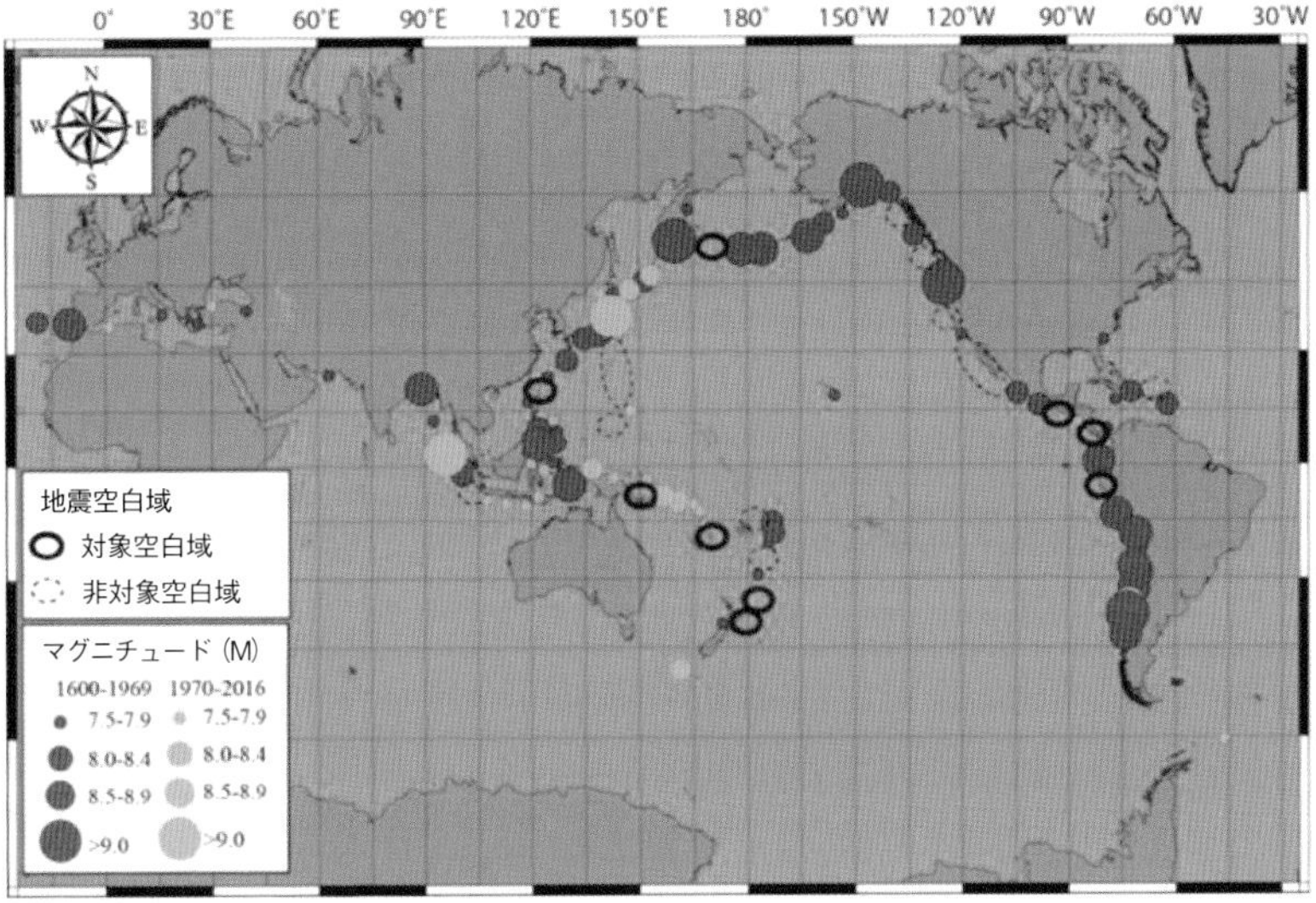

図 1.4　全世界で津波を発生させた地震の分布（過去 400 年間）

（出典：東北大学災害科学国際研究所）

＊東北地方太平洋沖地震津波の発生（CG映像）

れまでのTidal wavesやSeismic sea wavesに換えてTsunami（ツナミ）と呼ぼう」と提案したとされています。

その後、海洋学者の間で徐々に広がり始め、1957年の科学雑誌『Nature』Vol.180には津波の語源についての記事が出るほどでした。1960年にヘルシンキで開催された国際測地学・地球物理学連合（IUGG）において、「Tsunami Commission（津波委員会）*」が初めて開催されており、以来約60年の歴史を持つことになります。意外と歴史は古くはないのです。

マスメディア等でも一般に使われるきっかけとなったのは、2004年12月26日のインドネシア・スマトラ沖地震（42ページ参照）により発生したインド洋大津波になります。犠牲者が23万名を超えたことや、年末休暇にインド洋の観光地を訪れていた欧米・アジアからの旅行者にも多くの犠牲者が出たために大きな衝撃が走り、「Tsunami」という言葉が世界中で報道されました。こうして「Tsunami」が国際語として定着したのです。

＊津波委員会
津波の危険性や社会への影響を含む、津波の様々な事象を学術的に研究する国際的な科学者グループ。

1.3 津波の発生メカニズム

(1) 海底地震による発生

風呂に勢いよく入ると水面が波打ちながら周りに広がっていき、ついには溢れてしまうという経験はありませんか？　このように、水面に何かの原因で力が加わり変化が生じて発生した波、これが津波になるのです。

波を発生させる原因として地震津波の場合は、隆起や沈降した海底面がその上の海水を持ち上げたり引き下げたりすることと、また地滑りや火山噴火の津波の場合は、大量の土砂が入り込むことです。また、隕石が落下して生じる場合もあります。最近の津波発生原因の9割が、海底で生じた地震を原因としています（図1.5）。

地震は、プレートやその間に大きな力が加わることで地盤や岩盤が破壊され、ずれ動き発生します（図1・6）。地盤や岩盤の破壊面を断層と呼びます。それでは、地震の断層運動によって地面はどれぐらい動くのでしょうか？

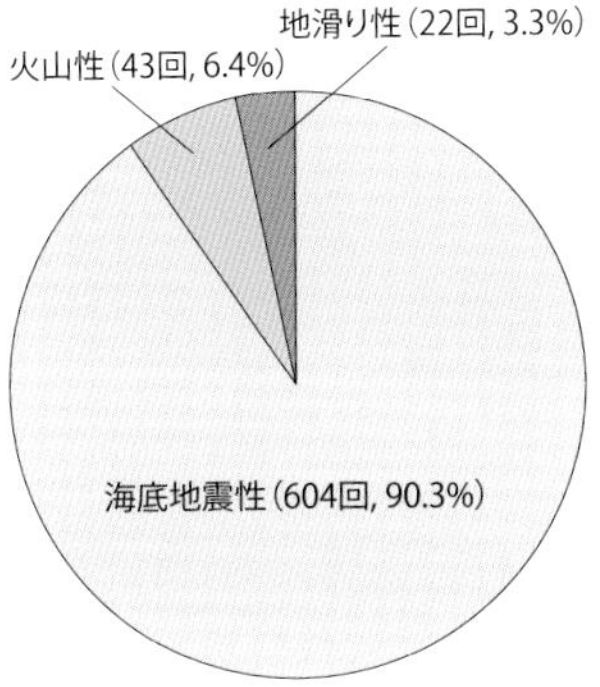

図1.5　津波の発生原因の割合（今村、1990）

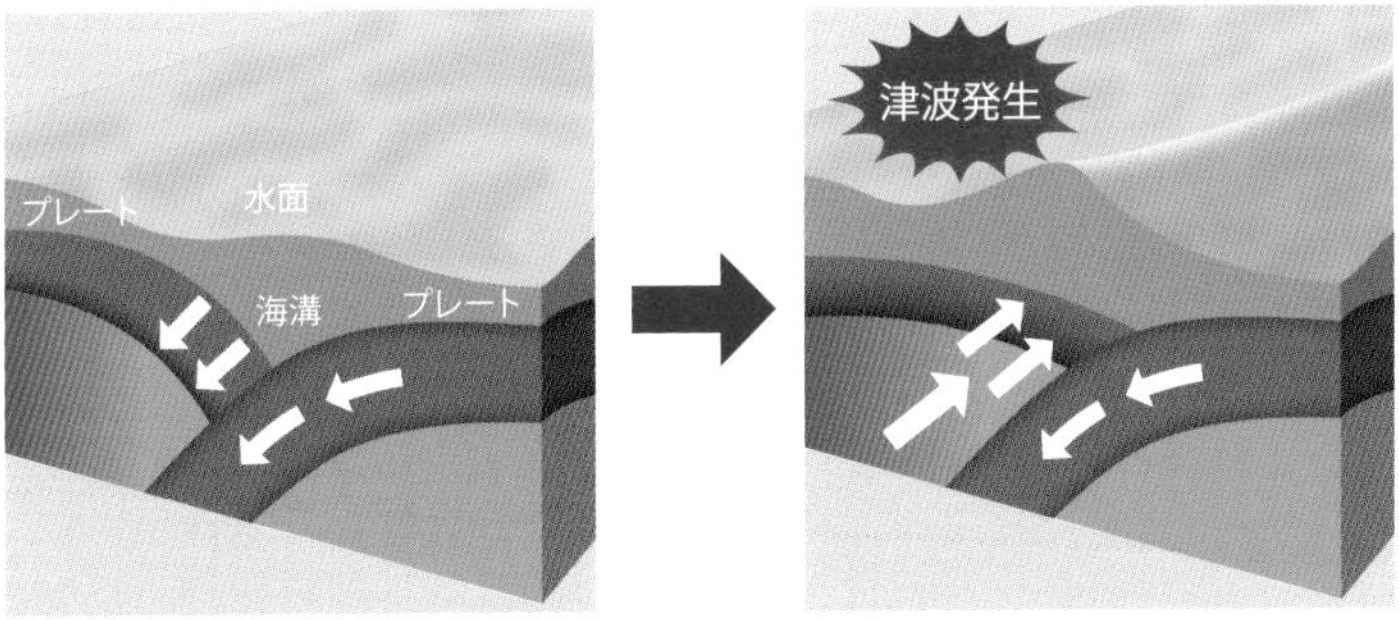

図1.6　プレート間地震（断層運動）で発生する津波の様子

（出典：気象庁ホームページより作成）

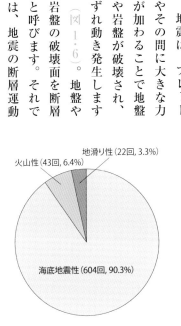

1993年北海道南西沖地震では5m以上動いたといわれ、2004年インド洋大津波（42ページ参照）を引き起こしたスマトラ沖地震では最大で10m以上、東日本大震災での東北地方太平洋沖地震（40ページ参照）では30m以上も断層が動いたと考えられています。

さらに、その海底面が変動する範囲ですが、これは断層の動きとだいたい同じ長さになります。マグニチュード*（Mと表記）が大きいほど海底面の変動は広くなり、M7.0で直径50㎞の円に近く、M7.5で長径*100㎞の楕円に近い形になります。M8クラスでは長径200㎞となり、さらにM9クラスでは500㎞にも及ぶといわれ、非常に大きな楕円になります。そのため、地震の規模が大きくなるほど海底面の変動する幅は、長径に対して二分の一から三分の一程度になります。

このように、津波の原因となる地震による海底面の変動は、上下方向に最大数十m、水平方向には数十㎞から数百㎞と、横方向の非常にスケールの大きな変動と考えられています。

津波の原因が地震による海底面の変動であるということがわかりました。そうすると海底面を変動させやすい地震が、津波を起こしやすいということになります。どのような地震が海底面を変動させやすいのでしょうか？　それは、地震の大きさ、深さ、断層の動き方（断層運動）に関係します。

先に述べたように、地震の規模、すなわちマグニチュードが大きいほど海底面の変動範囲が広く、鉛直方向（重力の方向）の変動量も大きくなり、結果として津

＊マグニチュード
地震そのものの規模、エネルギーを表す。最小で-2、最大で12までであり、どの地域でも同じ値となる。
マグニチュード（M）1以下：極微小地震
M1～3：微小地震
M3～5：小地震
M5～7：中地震
M7以上：大地震
M8クラス：巨大地震
M9以上：超巨大地震

＊長径
楕円の長短の軸（径）のうち、長い方を指す。

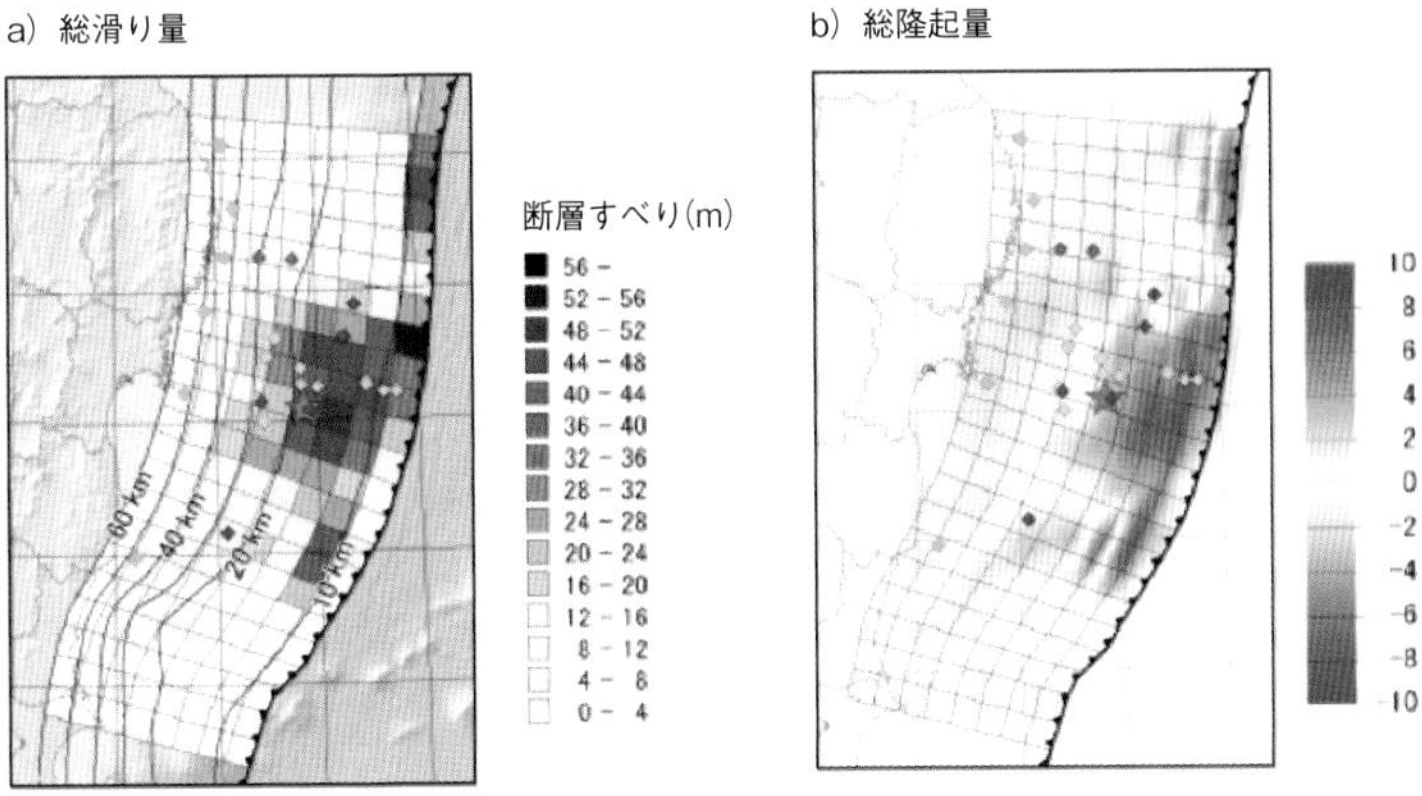

複数の断層ごとに滑り量が異なっている。左図は断層の滑り量、右図は断層の動きによる上方向の変位量。

図 1.7　東日本大震災（東北地方太平洋沖地震）での断層モデル（根本ら、2019）

波は大きくなります。沿岸で4m以上の津波を起こす地震は、最低でもM 7.5以上の規模が必要といわれています。

いくら大きな地震でも、海底から100km以上の深い場所で起きたときには、断層のずれが海底面には現れないので、大きな津波は起こりません。逆に言えば、震源の深さが浅いほど、津波は発生しやすくなります。また、断層の動き方をみると水平方向の動きでは水を動かす力はありませんが、上下方向に動くときには水を大きく動かすことが想像できるでしょう。

気象庁では、1952年から津波警報の基準（津波予報区*）を定めています。地震（波）が

＊津波予報区
日本全国の沿岸を66の予報区に分け、津波予報（津波の高さ・到達予想時刻）を発表している。

記録され、その場で規模や深さが推定されると、津波が発生するか否かを判断できます。ただし、明治三陸地震津波のような地震規模に比べて津波が大きくなる特異例（津波地震*と呼びます）もあり、津波を捉えるには地震波データ以外に信頼性の高い津波の観測情報が必要となります。

　最近では地震や津波の観測・解析が充実し、複雑な発生の状況もわかってきました。従来は、一枚の矩形断層*で表現されていましたが、複数の断層群により近似され、観測波形や痕跡の逆解析により、その分布が推定されています。東北地方太平洋沖地震での津波事例では、たくさんの断層が推定され、しかも、地震の破壊開始から時間を追って、それぞれの断層が動いていることも示唆されています（図1・7）。

(2)　地震以外での発生

　沿岸や海底での地滑り、火山噴火でも津波は発生します。地滑り、およびそれに伴う土石流により発生する津波は、通常起こる地震の断層運動により引き起こされる津波に比べて頻度は低いものの、地震と同じような前触れが少なく、局所的に大きな津波が沿岸を襲うため、歴史的にみてもその規模・被害ともに大きな例があります。

　1791年雲仙普賢岳の噴火により眉山《まゆやま》*が山体崩壊*し発生した津波は、有明海を伝播（伝わること）し対岸の肥後・天草を襲い、5000名以上の死者を出しました。また、1741年渡島大島《おしまおおしま》*火山性津波（図1・8）では犠牲者が

*津波地震
地震学者：金森博雄によって1972年に定義された。1896年明治三陸地震津波、1946年アリューシャン地震津波もその典型例とされる。マグニチュード（M）が小さいと体感できる震度も小さくなる傾向があるが、それに比べて発生する津波の規模は大きくなる地震のこと。揺れが小さいからといっても安心できない危険な地震。

*矩形断層
地震断層の形状を矩形に近似したものであり、最も基本的なモデルになる。

*眉山
長崎県島原市の西にそびえる眉山は、雲仙普賢岳噴火により頻発した大きな地震によって大崩壊。その崩壊地形は、島原半島ジオパークの一部となっている。

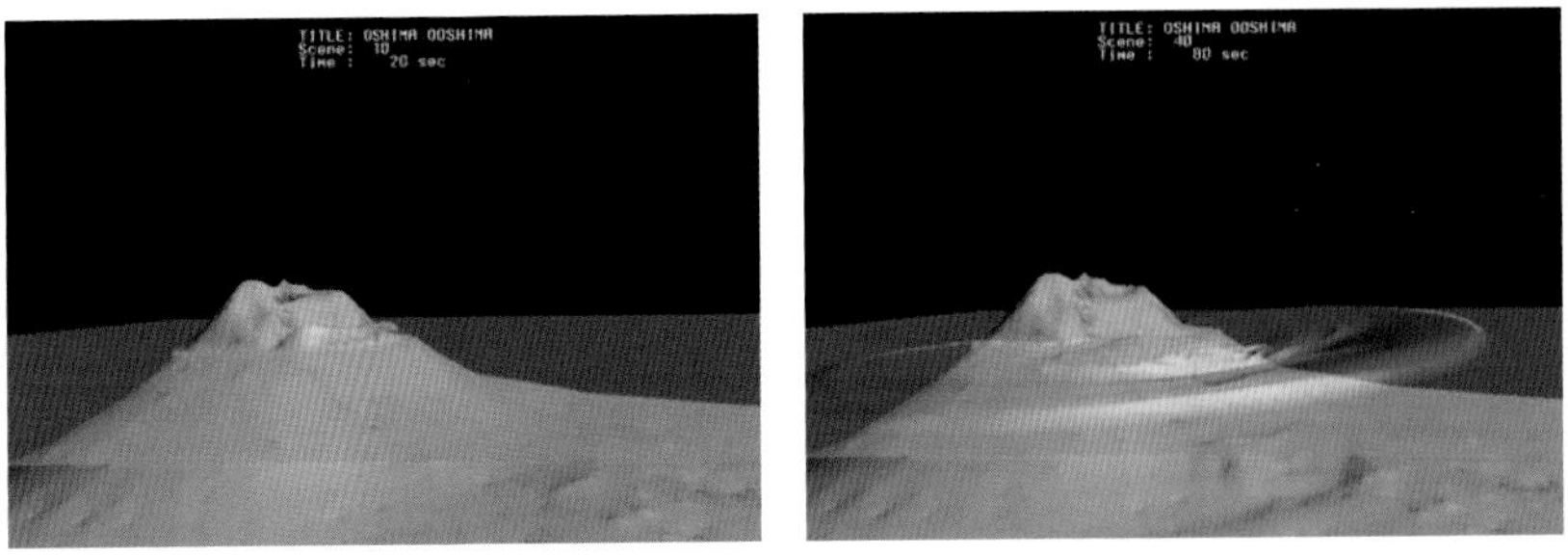

図 1.8　火山噴火での山体崩壊による津波の発生（1741 年渡島大島火山性津波、著者作成）

１４６７名を数えました。２０１８年には、インドネシア・パル市周辺で、地震後の沿岸海底地滑りに関係した津波（図１・９）や火山噴火（山体崩壊）に関連した津波が発生し（図１・10）、大きな被害を出しています。過去においては、隕石落下や岩盤の崩落によっても巨大津波が発生しています。

　さらに最近は、地球温暖化も関係して氷河崩落による津波も報告されています。デンマーク領のグリーンランドではフィヨルド*での氷河崩壊、または関係した地滑りなど非地震性の現象による津波がありました（図１・11）。２０１７年６月17日、ウマナックという小さな島の海岸沿いにあるヌーガーツィアクという村に津波のような波が押し寄せ、現地の警察によると、これまでに住民４名の行方がわからなくなったとの報告がありました。

　非地震性の現象により発生する津波は、地震による断層運動の津波に比べて本格的な研究が少なく、また津波発生モデルも確立されたとはいえま

＊山体崩壊
何回も噴火を繰り返し異なる成分の層が幾重にも折り重なっている火山は、その構造が不安定なために火山噴火や地震等の大きな衝撃により、大規模に崩れ落ちることがある。

＊渡島大島
北海道松前郡松前町に属する無人の火山島。函館市中央図書館が所蔵する『北海道旧纂図絵』に渡島大島の噴火と津波の様子が描かれている。

＊フィヨルド
氷河の浸食によって形成された複雑な地形の湾や入り江。ノルウェー語で「入り江、狭い湾」。

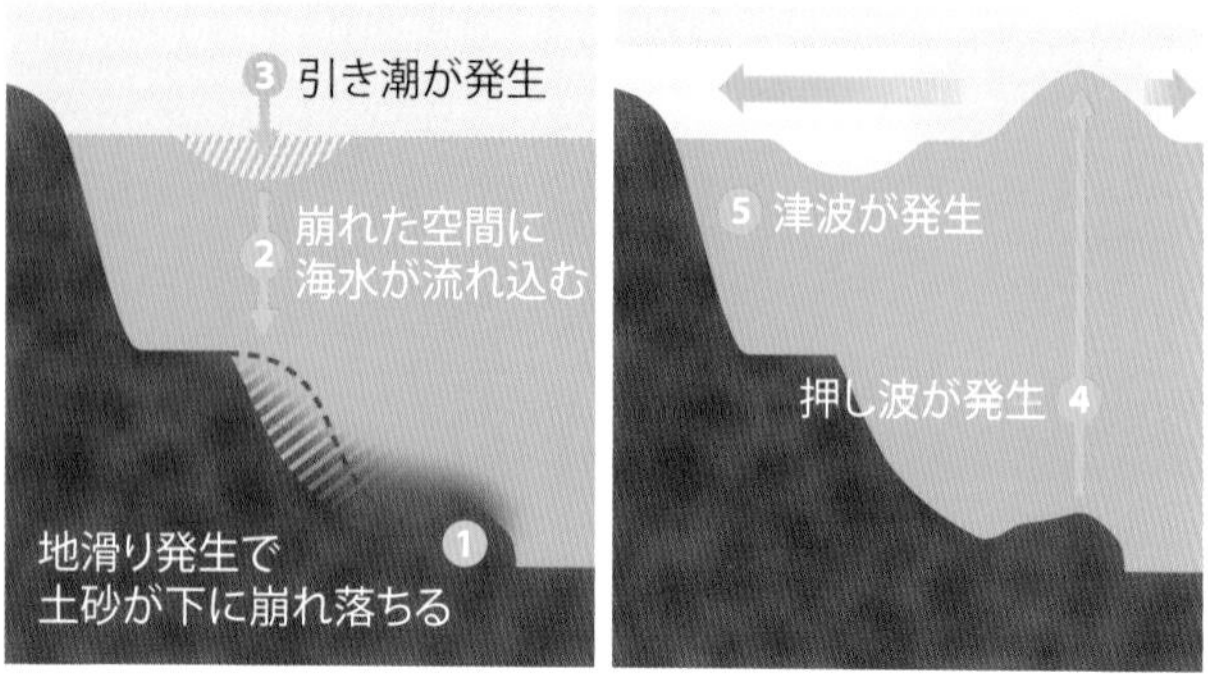

図 1.9　海底地滑りによる津波の発生の仕組み

（出典：株式会社 ウェザーニューズホームページより作成）

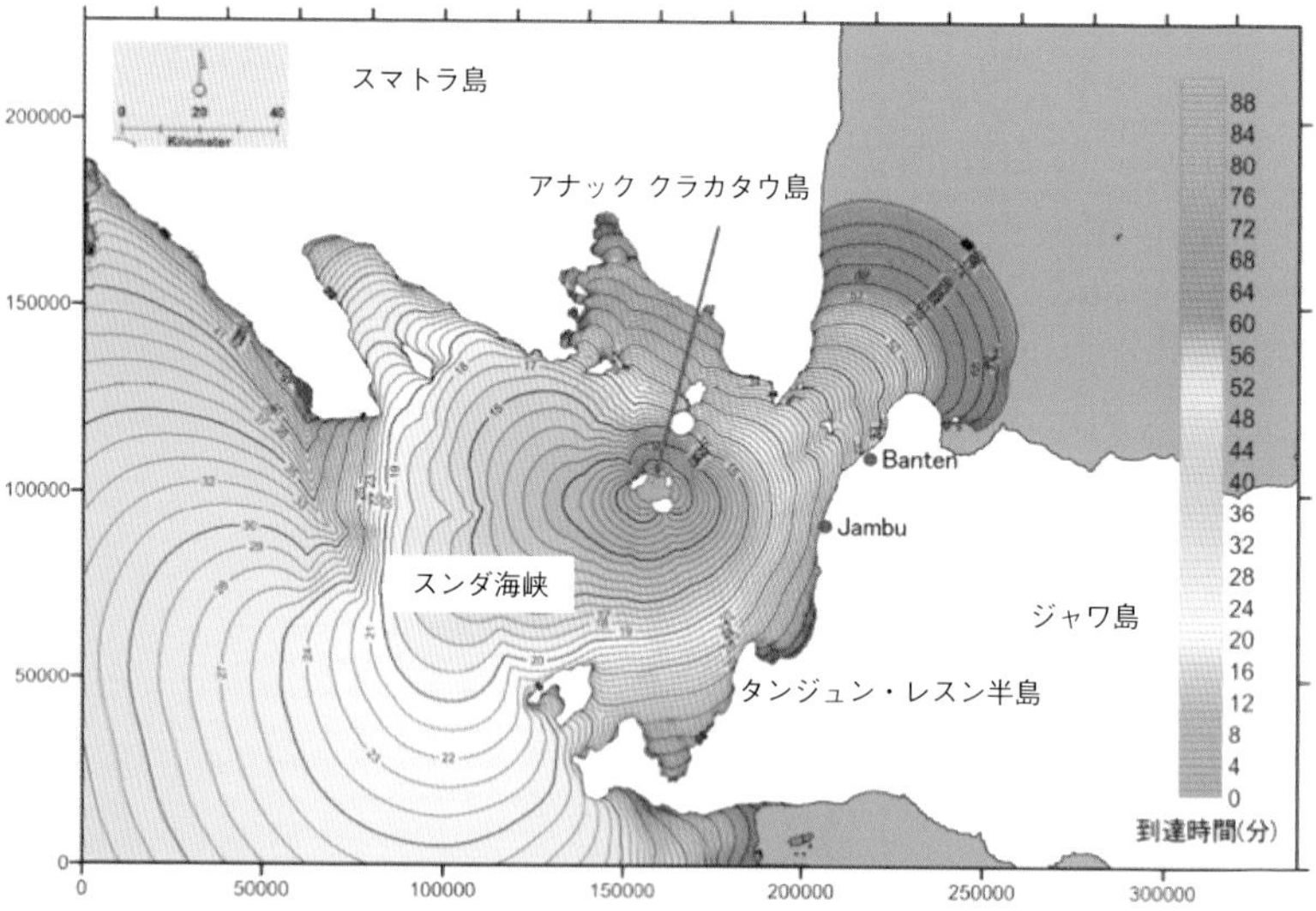

同心円状に伝播している様子が分かる

図 1.10　スンダ海峡のアナッククラカタウ火山の噴火（2018 年 12 月）に伴い発生した津波の伝播の推定値 (前野、2019)

せん。また、地震による津波は、即時的な津波予測が難しく、来襲前に発表する津波警報は、非地震性の津波は対象外であることに注意が必要です。

津波警報ではありませんが、グリーンランドでは沖合で漂流している高さ１００メートルの巨大な氷山が崩落した場合、津波の発生によって沿岸部に被害が及ぶ恐れがあるとして、住民の居るインナースート島の住民に対し避難勧告を行っているケースもあります。

図 1.11　氷河の崩壊・落下により発生した津波（グリーンランド）

（出典：「DAILY STAR」ホームページ　https://www.dailystar.co.uk/news/latest-news/623342/tsunami-greenland-video-illorsuit-nuugaatsiaq-uummannaq）

1.4 2018年インドネシアで発生した津波の事例

2018年9月28日夕方、インドネシア・スラウェシ島*で地震・津波（パル地震津波）が発生しました。地震の規模はM7.5、横ずれ断層が生じ、地震の震源地は、スラウェシ島中部のドンガラの北東約27kmで、震源の深さは約11kmと推定されました。この地震の揺れにより、パル市を中心にホテルや病院などの建物に被害が生じ、地滑りや液状化で集落ごと流された地域もありました。

＊スラウェシ島
インドネシア四大島の一つで中部にある島。行政的には周辺の小島とともに西・中部・南東・南・北の各スラウェシ州とゴロンタロ州の6つに分かれる。

建物の１階部分（赤線部分まで）が浸水し、漂流物も入り込んで大きな被害を及ぼしました。

図 1.12　スラウェシ島パル沿岸を襲った津波
（撮影：著者）

地盤沈降した場所（細い赤矢印）もあり、海底地滑りの発生が指摘（太い赤矢印）され、大きな津波の発生原因であると推定されています。

図 1.13　大きな被害を受けたパル沿岸
（撮影：著者）

さらに、震源が陸であり本来は被害を及ぼすような津波は発生しないはずでしたが、中部スラウェシ州の州部パルの沿岸部では津波による多大な被害が生じました。(図1・12、図1・13)

インドネシア政府は翌29日早朝から国軍、国家警察、国家捜索救助庁などの部隊を現地に派遣しましたが、被災地のパル空港の滑走路が地震で被害を受けていたため十分に使用できず、救助作業もままならない大変に困難な状況でした。

インドネシア国家防災庁は9月29日までに判明した数字として、死者384名、行方不明者29名、負傷者540名であることを明らかにしましたが、津波被害のあった中部スラウェシ州の州都パルやドンガラの海岸沿いには、犠牲者の遺体が散乱していることから、今後の犠牲者数はさらに増える可能性があるとしました。日々、被害実態が判明・報告される中、犠牲者2000名を超える大災害になり、発生直後から救命や捜索活動が実施されましたが、その活動も限界に達し、2週間あまりで政府関与の活動は打ち切りになりました。そのため、犠牲者数は5000名以上ともいわれましたが、被害実態は分からないままです。

地震発生直後に、インドネシアの気象庁(気象気候地球物理庁)は津波警報を発令しましたが、1時間以内にこの警報は解除されています。これは、震源が陸地であり、またマグニチュードも小さく、断層の動き(メカニズム解)*も水を動かす力の小さい水平方向であったからです。さらに、各地の津波リアルタイム観測データを停電などで送ることができなかったことも重なったようです。実際に津波が来

*断層の動き(メカニズム解)
地震を起こした断層が地下でどのようになっているか(断層の伸びの方向や傾き)とその断層がどのように動いたかを示す。

た時刻と津波警報が解除された時間の関連は現段階でも明らかになっていません。このような津波の発生を予測することは、日本の技術でも難しく課題として残ります。

＊東北地方太平洋沖地震津波の太平洋への伝播（CG映像）

1.5 国境を越えて伝わる津波 ―太平洋津波警報センターの設立

津波は発生頻度こそ低いのですが、一旦起きると津波の被害規模や影響範囲は、地震動（地盤の揺れ）と比較して大変に大きくなります。通常、大規模な地震でも強い震動の影響範囲は数百km程度に限定されますが、海水がある限り津波は広い範囲に伝播し、1万km以上にわたる場合もあります。

1960年5月のチリ地震津波＊は、チリ沖（南部）から太平洋を通じて日本まで1万5000kmを伝わって大きな被害を出しました。当時は、地震や津波

図1.14 太平洋津波警報センターでの監視業務

（出典：https://www.mprnews.org/story/2010/02/27/hawaii-calif-tsunami）

＊チリ地震津波
1960年5月23日、日本時間の午前4時すぎにチリ南部で発生したM9・5という観測史上最大の超巨大地震。大きな津波は、太平洋を伝って22時間半後の午前3時ごろに、北海道から沖縄までの太平洋沿岸に来襲、各地に被害を与えた。

に関する観測や被害の情報が各国の間できちんと伝えられなかったために、警報を出すことができませんでした。この経験から5年後の1965年、ハワイ・ホノルルに太平洋津波警報センター（PTWC）*が設立され、環太平洋での地震・津波の観測情報や警報が出されるようになりました。（図1・14）

この地域では2010年にチリ中部地震津波*もありました。この津波の伝播速度は水深に関係し、深いほど早くなり、浅くなると遅くなります。太平洋の平均水深は5000m弱であり、そのときの伝播速度は時速700㎞を超え、チリから日本まで約22時間で到達したことになります。逆に、2011年の東北地方太平洋沖地震による津波では日本からチリへ22時間かけて伝わっていきました。

水深分布がきちんと与えられれば、地震（津波）の発生位置が特定された後で正確に伝播速度を推定して、各地での到達時間が予測できます。現在、PTWCや気象庁でもこのような津波の到達予測を行っています。

＊太平洋津波警報センター（PTWC）
Pacific Tsunami Warning Center
太平洋全域の地震・津波の監視を担う。

＊チリ中部地震津波
チリ中部沿岸で2010年2月27日15時34分に発生、アメリカ地質調査所による地震の規模は、Mwで8・8だった。1900年以降、チリでは1960年のチリ地震に次ぐ規模。南米プレートとその下に沈みこむナスカプレートの境界で発生し、この地域では過去、津波を伴う巨大地震が発生している。日本でも太平洋側の沿岸地域で1mを超える津波が観測された。

コラム① エイプリルフールに発生した津波

1946年4月1日、アリューシャン列島のウニマク島近くで地震があり津波が発生しました（アリューシャン地震津波）*。地震は震源の深さ50㎞、モーメントマグニチュード*8・1でした。震源に近いウニマク島では海抜40ｍほどの所にある灯台が津波で破壊されたと報告されています。このとき発生した津波は震源の向かい位置であるハワイ諸島方向へ約5時間かけて伝播し、特にハワイ島に被害が集中し、死者・行方不明者は165名に達しました。

津波による被害は当時で2600万ドルにも及び、アメリカ合衆国は地震・津波警報システムを設置致しました。センターの名に直接「Ｔｓｕｎａｍｉ」という語が使われたことから、「Ｔｓｕｎａｍｉ」はアメリカ合衆国において津波を意味する学術用語となり、その後、国際語化するきっかけになりました。

ハワイ島北東部のラウパホエホエ（Laupahoehoe）では、5～10ｍの津波が来襲し、海岸に建てられていた学校で生徒・教師24名が亡くなりました。当日が、4月1日のエイプリルフールであり、津波来襲の異変を児童たちが大人たちに警告しましたが、信じてもらえず、悲劇につながったとも言われています。

現在、この場所はグラウンドになり、太平洋を望む丘に犠牲者の名を刻んだ石碑が建てられています。当日の経験や記憶は語り継がれ、1988年にはハワイ島のヒロに太平洋津波博物館（Pacific Tsunami Museum）の組織が設置されるなど、1960年チリ沖地震津波によるハワイでの被災体験なども含めて伝承されています。

＊アリューシャン地震津波　1946（昭和21）年4月1日3時28分頃、Ｍｗ8・1のアリューシャン地震による津波が発生し、アラスカとハワイを中心に165名が死亡するなど大きな被害を受けた。これが契機となり、アメリカは1949（昭和24）年に太平洋津波警報センター（ＰＴＷＣ）をハワイへ設置し、後に津波が「Ｔｓｕｎａｍｉ」として国際語となる。

＊モーメントマグニチュード　Mwと表記。地震の破壊エネルギーの大きさを表す数値。地震波の振幅から経験的に算出するマグニチュードよりも大規模な地震そのものの規模を正確に表す。

＊太平洋津波博物館　ヒロに甚大な被害をもたらした1946年のアリューシャン地震津波、1960年のチリ地震津波による災害と教訓の伝承や防災教育等を目的として1998年6月に一般公開。

1.6 深海から浅海へ伝わる津波 ― 津波の速さ

２０１１年３月11日、東北地方太平洋沖地震により巨大な津波が発生しました。M9.0の巨大地震破壊の始めは、宮城県沖の海底における24㎞の深さで起こったと推定されています。このとき、断層運動として歪《ひずみ》エネルギー＊を解放させ、同時に海底地殻を上下に大きく変動させました。後に海底の調査をした結果、一部で50ｍ以上の断層の変化が推定されています。このことが膨大な海水を動かし、津波となって20～30分足らずで三陸海岸を始め、東日本沿岸を襲ったのです。津波エネルギーは地震のわずか数％でしたが、それでも甚大であり、沿岸部は５００㎞以上に渡り浸水し、平野部へも沿岸から数㎞も浸入しました。

津波は沖合での波高は小さいので、沿岸から見ていたとしても確認しづらく、突然に水位が上がることになります。津波の伝わる速さは、沖よりも減速するとはいえ秒速10ｍにも及び、私たちが走っても逃げ切れるものではなく、膨大な海水が一気に溢れてきます。

津波の原因が地震の場合には、津波の10倍以上速く伝わる地震波から規模や位置・深さ、また沖合での津波観測情報をいち早く捉えられれば、津波が沿岸域に到達する前に警報や注意報を出せます。この情報に従って迅速に避難させることができれば、多くの命を助けることが可能となります。

＊歪エネルギー
変形した弾性体（力を加えていると変形するが、力を除くともとに戻る物体）の内部に貯えられる力のこと。外から加わる力に等しい。＝弾性エネルギー

ここで、津波の速さに関して3つの特性を紹介します。1つ目は，伝播速度といわれる波形（山や谷）の伝わる速度です。地震が発生してから津波（という波の形が）が伝わっていく速さですので警報などに使います。この伝播速度は水深に関係し、深いほど速くなります。（図1・15）

2つ目は、水粒子の動く速度（流速）があります。これはいわゆる流れの速度であり、建物などへの破壊力や船などの漂流（移動）に関係します。この流れは津波の波高に関係し、水深の浅い沿岸域の方が速くなります。津波が浅いところで波高を増し、流速を加速していくため船舶の避難として沖出し*があります。これは、津波の流れは水深の深いところで小さく、船舶が流されにくいという性質に基づいています。

3つ目は、エネルギー伝播速度になります。名前の通りに津波のエネルギーを伝える速度になります。これは津波などの波長の長い波では伝播速度と同じになり、一方で短い波長の場合にはそれよりも遅くなる性質があります。

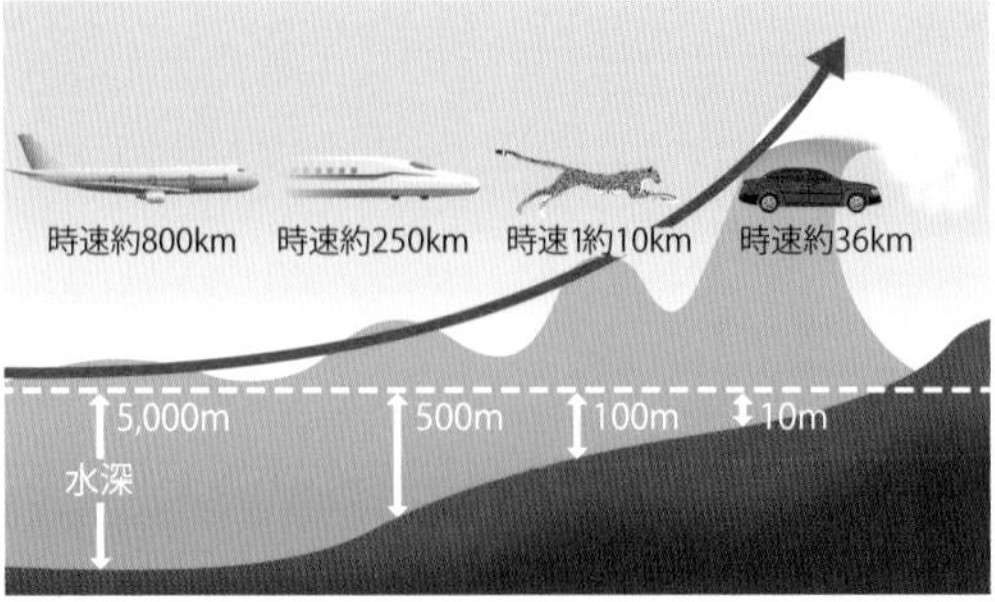

図 1.15　水深と津波の高さと伝播速度の関係

（出典：気象庁ホームページより作成）

*沖出し
「地震が来たら沖に出ろ」、津波から船を守るため、漁師の間で言い継がれてきた先人の教え、知恵。

1.7 津波はなぜ大きくなるのか？

過去の映像や観測からも指摘されていますが、陸から遠く離れた太平洋や日本海を津波が通過するときには、船の乗組員でも気づかないこともあり、前ページ記述の船の沖出し避難との関係もあります。水深の深いところでは大きくても数mの波であり水平方向への広がりが数十kmを超えていますので、水表面の勾配としては大変に小さくなり、気づかないことは起こりうることです。

では、どうして陸に近づくと大きくなるのでしょうか？ 津波は水深が浅くなるにつれて伝播速度がだんだんと遅くなりますので、陸に近くなると津波の前方は浅いところを進むため遅くなるのに対して、後方はまだ深いところにあるので速いままになります。したがって、波の前方と後方では速さが異なることから、後方の津波が前に追いついてくるために間隔が狭くなり、その分だけ津波が高くなるのです。

湾の幅が狭くなっても一定の幅で津波エネルギーがあり、その幅が狭くなることから集中しますので波高が増幅し津波は大きくなります。たとえば、湾の幅が4分の1になると津波の高さは2倍に、9分の1になると3倍になります。したがって、リアス式海岸*のようなV字形状に開いた湾では、湾の奥で津波の波高が大きくなります。

また、津波の周期（津波が繰り返す時間）が、湾の奥行きの長さによって決まる固有周期（固有振動数）と一致した場合に、共振現象（振動の大きさが急激に大き

＊リアス式海岸
海水の水位上昇や陸地の沈降により、山や谷が水没し形成された狭い入り江や湾が入り組んでいる海岸。

くなる現象）が起こり、湾の奥で波高がかなり高くなることがあります。

津波が護岸や防波堤等に衝突するとそれ以上前に進めなくなるため、そこでの反射波が生じて通常の2倍近い高さの津波となり構造物を乗り越えます。これは水粒子の運動エネルギーが位置エネルギーに変換され、波高を増加させる瞬間です。

1.8 どのような地形と現象で津波は大きくなるのか？

津波の伝播速度は水深の深いところで速く、浅いところで遅くなることは、これまでに説明したとおりですが、この性質は津波の伝わる方向をも変えてしまいます。深いところを進む波が浅い方に曲がる際に屈折（曲がること）という現象が起こります。半島の先端や岬のような地形では、屈折してきた津波が集まることになり、津波の波高が大きくなります。周囲から波が集約される湾の奥で津波が大きくなることはイメージ的にも理解しやすいと思いますが、半島の先で大きくなることは、意外ではないでしょうか？ また、浅瀬や島があるとそこがレンズのようになって津波が屈折し、波が集まり大きくなります。1983年に発生した日本海中部地震津波*では、海底地形の効果により津波の屈折が生じ、秋田県北部（峰浜）の沿岸へ高い津波が集中しました。（図1・16）
湾の形を大きく分類すると、袋型湾（間口が狭く奥が広い湾）、直線的な海岸、U

＊日本海中部地震津波
1983（昭和58）年5月26日12時頃に秋田県沖を震源として発生したM7.7、震央に近い秋田や深浦で震度5、酒田、青森、江差で震度4を記録した強い地震により、秋田、青森、北海道の日本海沿岸に大きな津波が来襲し、死者・行方不明者併せて104名を出すという惨事となった。

字型湾（間口が広くU字形の湾）、V字型湾（間口が広く奥が狭い湾）の4つに分けられます。一般にこの順番で湾奥での津波が高くなる傾向にあります。

V字型の湾は，岩手県の綾里湾、合足湾などが挙げられます。これらの地域は、近地《きんち》津波*であった明治・昭和の三陸地震津波では30m以上の波高を記録し、ほぼ全滅に近い被害を受けました。

袋型の湾は、岩手県の大船渡湾が挙げられます。「く」の字形に深く入り組んでいる袋状の大船渡湾で、湾口に近い旧末崎村の船川原、細浦、旧赤崎村の蛸ノ浦などは、三陸津波の際に大きな被害を受けましたが、湾の奥の大船渡町（現大船渡市）そのものは、比較的被害が軽微でした。ところが、チリ地震津波ではその湾の奥に入るほど被害が大きく、海岸から2000m離れた陸地まで津波が遡り、全国最大の被害を記録しました。

津波の進行方向に半島や岬などの地形（障害物）があると、それを回り込んだ裏側で水位が異常に高くなる回折《かいせつ》という現象も起こします。回折現象は、障害物の大きさに対して津波の波長が長いほど顕著に現れます。すなわち、遠い外国からやって来る遠地《えんち》津波*のように波長の長い津波では、半島や岬に遮られている地域でも十分に注意

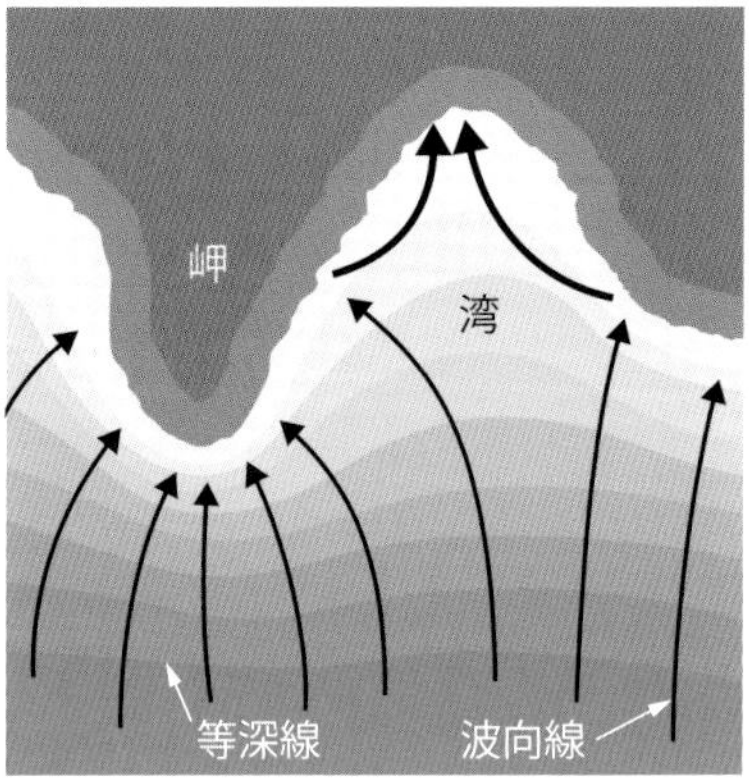

図 1.16　津波の屈折と回折、散乱、エッジ波*

＊等深線
海や湖沼などの水底の地形を表す水深の等しい地点を結んだ曲線。

＊波向線
波が進んでくる方向を示した線

＊エッジ波
海岸に沿って進む波。沿岸に沿って伝播し何度も打ち寄せる。

＊近地津波
日本の沿岸から約600km以内で起こった地震による津波。⇔遠地津波

＊遠地津波
日本の沿岸から約600Km以遠に発生した地震によって生じる津波。⇔近地津波

しなければなりません。1960年チリ地震津波では、北海道の襟裳岬《えりもみさき》で津波の回折と思われる現象が起こり、大きな被害が報告されました。

島に到達した津波が、周辺に放射状に放出される現象を散乱と言います。散乱には特に津波の高さを増幅させる効果はありませんが、意外な方向から津波が来襲し、そこで津波が大きくなることがあります。津波の散乱の様子を示したのが図1・17になります。1960年チリ地震津波がハワイ諸島に到達し、同心円状に広がる散乱の成分を発生させ、その波が様々な方向に伝わって行ったことがわかります。

1.9 津波は何度も押し寄せる

津波は繰り返し何度も押し寄せま

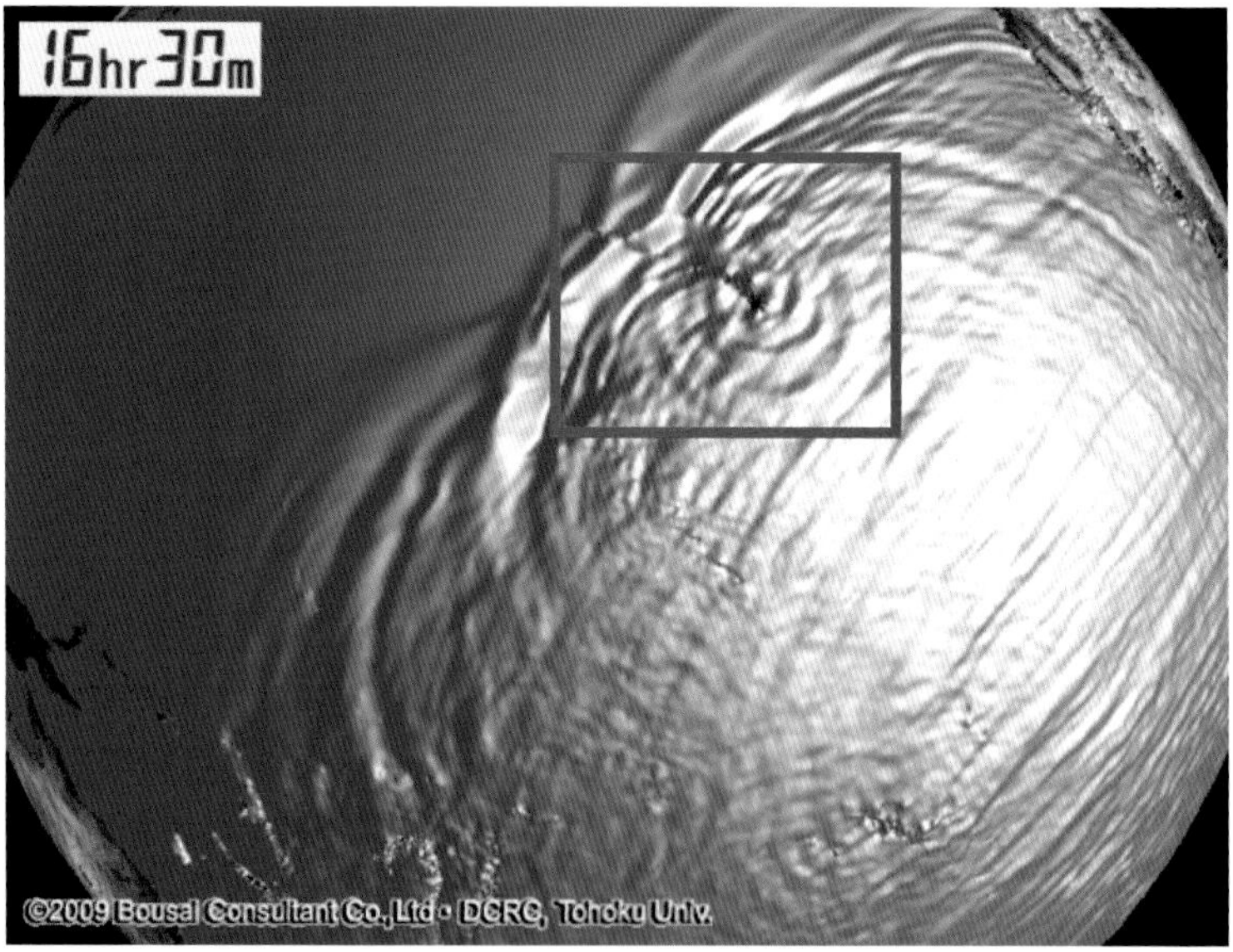

1960年チリ地震津波がハワイ諸島に到達し、散乱という同心円状に広がる成分（図中赤枠）を発生させていました。

図1.17　津波伝播と諸島での散乱の様子（著者作成）

す。第一波が最大とは限らず、第二波・第三波が最大になる場合もあり、さらに後の波が最大になる場合もあります。津波の来襲する方向も一定とは限りません。第一波は南から、第二波は北からというように来襲方向が違う場合もあります。

特に、遠くで発生した遠地津波の場合は、津波の波長が長くその継続する時間も長くなりますし、日本沿岸で発生した近地津波の場合でも継続する時間が長く続く場合もあります。2003年の十勝沖地震津波*のとき、十勝港では第一波が最大でした。しかし、釧路で最大の津波が来たのは第一波到達の約4時間後で、潮汐も含めて最高水位になったのは第一波到達から9時間後のことでした。

津波が長時間継続した極端な例が、1960年チリ地震津波のときにありました。この津波は、南米のチリはもちろん、日本を含めた太平洋の国々に被害をもたらした観測史上最大級の津波です。このときチリで記録された津波は、地震発生から3日後になっても収まりませんでした。翌日にニュージーランドから反射してきた波が到達し、2日後には日本から反射してきた波が到達したのだと考えられています。日本から反射してきた波が最大だったわけではありませんが、その高さは最大で2~3mにもなりました。

このように、第一波が去ったからといって安心することはできません。また、波が小さくなったからといって、もう大丈夫と勝手に判断することも非常に危険です。津波警報が解除されるまでは,警戒を続ける必要があります。

*十勝沖地震津波
2003(平成15)年9月26日4時50分ごろ、釧路沖を震源とするM8・0の地震により、北海道から東北地方の太平洋沿岸各地で津波を観測。北海道東岸の釧路町や浦河町などで最大震度6弱、1mを超す津波が観測された。被害は死者1名、行方不明者2名、負傷者849名、家屋全半壊484棟など。十勝沖から釧路沖にかけては過去に数回の大規模地震が発生しているため、気象庁による正式名称は「平成15年(2003年)十勝沖地震」。

コラム② 稲むらの火 濱口梧陵《はまぐちごりょう》の偉業をしのぶ

2011（平成23）年の東日本大震災では、東北地方の太平洋沿岸を襲った津波によって多くの人命が失われました。これを受けて、津波から国民の生命を守ることを目的に「津波対策の推進に関する法律」*が制定され、その中で毎年11月5日が「津波防災の日」*と定められて、毎年防災訓練や啓発活動が行われています。この日は、旧暦1854年11月5日に発生した安政南海地震*で和歌山県を津波が襲った際に、稲に火を付けて暗闇の中で逃げ遅れている人たちを高台に避難させて救ったという「稲むらの火」の逸話にちなんだ日でもあります。

小泉八雲（ラフカディオ・ハーン）が、安政南海地震津波の逸話をもとに『稲むらの火（A Living God）』を書きました。この物語の主人公が濱口梧陵です。旧暦1854（安政元）年11月5日（新暦12月24日）夜、安政南海地震の津波が広村に襲来した後に、梧陵は自分の田にあった藁（わら）の山に火をつけて、安全な高台にある広八幡神社への避難路を示す明かりとし、速やかに村人を誘導しました。結果として村人の多くの命を救うことがかない、津波から命を守るためには、情報伝達の速さと切迫性が必要という教訓を残しました。

こうして梧陵は村人を救うことはできましたが、その後は復旧や復興がなかなか進まず、村を離れる人も多かったと言われています。そこで、梧陵は破損した橋を修理するなど復旧に努めたほか、私財を投じて当時では最大級の広村堤防を約4年かけて築造しました。この大土木工事は荒廃した被災地からの住民離散を防ぐ意味を持つとともに、将来再び襲来するであろう津波に備えての防災事業でもありました。

1854（安政元）年の大津波により犠牲になった人々の霊をなぐさめ、大防波堤を築いてくれた濱口梧陵らの偉業とその徳をしのび、広村の有志の人々が50回忌を記念して旧暦の11月5日に堤防へ土盛りを始めたことが、現在も行なわれている「津浪祭」の始まりと言われています。堤防完成から88年後の1946（昭和21）年、昭和南海地震津波*が広村を襲いましたが、この堤防のために被害を減らすことができました。

＊津波対策の推進に関する法律　２０１１（平成23）年６月24日に施行された国や自治体に対し、防波堤や避難施設の整備、迅速な避難の確保、観測体制の強化などを求める法律。安政南海地震と稲むらの火の故事にちなんだ11月５日を津波防災の日と定めた。略称：津波対策推進法

＊津波防災の日　「津波防災の日」と日本で定められた11月５日は、２０１５年12月の国連総会において日本ほか１４２か国の共同提案により、津波対策を世界的に強化するための「世界津波の日」に制定された。

＊安政南海地震津波　江戸時代後期の安政元（１８５４）年11月５日（旧暦）に、伊豆から四国までの広範な地帯にかけて推定最大震度６とされる大地震が発生、死者数千名、倒壊家屋３万軒以上という被害をもたらした。その前日11月４日に安政東海地震も起きている。

＊昭和南海地震津波　安政南海地震から９２年後の１９４６（昭和２１）年１２月２１日前４時２０分頃、潮岬南方沖を震源とするマグニチュード８・０、最大震度５の地震により津波が発生、死者・行方不明者１４４３名の被害を出した。この地域は歴史的に地震が頻発する地域で、広義的に紀伊半島の紀伊水道沖から四国南方沖を震源域とする巨大地震を南海地震とも称する。

1.10 陸上と河川の遡上とは?

津波は深海から浅い海を経由して沿岸に達すると、通常の海水面より津波の水位が上昇し、それが押し波となって陸に上がり、また河川を遡上することになります。潟や湖などを除いて陸では当然ながら水（水深）は存在しませんので、乾いた状態の上に津波が浸入していきます。防潮林などの植生、田んぼや畑などの畦、住宅の建物などにより、津波に対して摩擦が大きくなり抵抗として働きます。

一方、河川では河口部があり、その奥の河川内には一定の水深があるので、海域の延長として津波は浸入し、伝播速度も速くなります。河道には葦《あし》などの植生はありますが、両側の一部に留まっていますので、河川を遡上する津波に抵抗が少ない

ため速さを落とすことなく、しかも遠くまで伝わっていくことになります。（図1.18）
やがて、陸上部での摩擦や構造物などにより津波のエネルギー減衰が生じて遡上が終わり、その後、海域へ戻る流れとなって逆流します。陸での地形勾配が大きいときには、重力の斜面方向の成分も加わり戻る流れは加速されて大きな流速が生じます。その結果、海岸線などで浸食なども見られ、また津波は何波も押し寄せ、このような状況が長時間も続く場合もあります。

1.11 津波の規模の尺度は？ ― 津波強度

地震にはマグニチュード（10ページ参照）や各地域での揺れの強さを示す震度階級*があり、その分類には被害の程度も関係しています。津波でも震度階級に相当する用語があり、津波の大きさと被害に着目した指標として津波強度を表わし、6

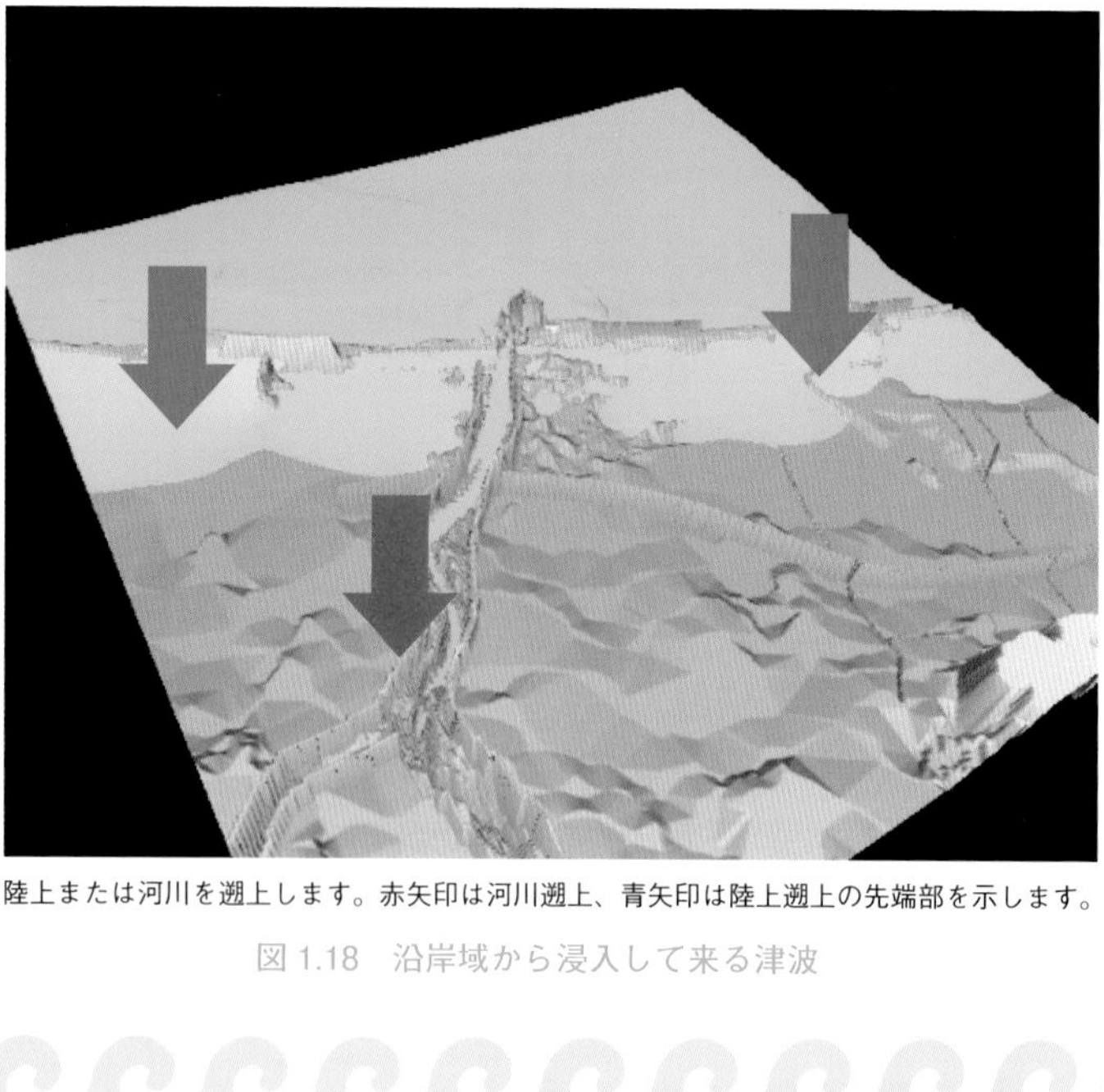

陸上または河川を遡上します。赤矢印は河川遡上、青矢印は陸上遡上の先端部を示します。

図 1.18　沿岸域から浸入して来る津波

段階（0から5）に分類しています。（表1・2）

6段階での津波強度を2のべき乗*の係数とし、津波高に関係づけています。日本での過去の津波災害を事例に、津波高に応じた建物への被害、船舶・漁業への被害、地域（集落）への影響も含めて、整理がされています。この関係により、どの程度の津波がどのような被害を出すのか？という目安になります。

1.12 津波の特性を表す指標や用語

気象庁から出される警報等の津波に関する情報やハザードマップ、さらには調査報告書などで使われている主な用語、指標を解説します。情報を読み解くうえで役立つ知識ですので、覚えておくといいでしょう。（図1・19、図1・20）

表 1.2　津波強度と代表的な被害（首藤、1993）

津波強度	0	1	2	3	4	5
津波高（m）	1	2	4	8	16	32
木造家屋	部分的破壊	全面破壊				
石造家屋		持ちこたえる		全面破壊		
鉄筋コンクリート家屋		持ちこたえる			全面被害	
漁船		被害発生	被害率 50%	被害率 100%		
防潮林	被害軽減，漂流物阻止，津波軽減		部分的被害，漂流物阻止	全面被害，無効果		
養殖筏	被害発生					
沿岸集落		被害発生	被害率 50%	被害率 100%		

＊震度階級
揺れの強さの程度を数値化し、全国各地の震度観測点で震度計により計測した数値。「震度0」「震度1」「震度2」「震度3」「震度4」「震度5弱」「震度5強」「震度6弱」「震度6強」「震度7」の10階級となっている。

＊2のべき乗
「数aのn乗」で表される数 a^n のことを「aのべき乗」という。津波強度が1（n）上がるごとに津波高は 2^n の高さになると定義している。

まずは、津波の形状や動きを表す諸元（数値化できる各要素）や予報・予測で使われる用語を紹介します。

・津波の周期…波の曲線の山（一番高いところ）から山、または谷（一番低いところ）から谷までの時間のこと。

・波長…波の曲線の山から次の山までの長さ。

・波高…波の曲線の山から谷までの高さ。

・津波の高さ（津波高）…津波がない場合の潮位（平常の潮位）から津波によって海面が上昇したその高さ（海岸線の検潮所*での測定値）。図1・19中の片振幅に相当する。

＊この「高さ」は、陸への遡上などに大きく影響するために、防災・減災のうえで重要な指標となり、気象庁が津波情報で発表している「予想される津波の高さ」となります。このように津波の「高さ」（津波高）と波高とは、定義が異なるので注意が必要です。

・遡上《そじょう》（高《こう》）…津波襲来時の潮位からの陸をかけ上がった津波の最高到達点の高さ。

・浸水（高《こう》）、または浸水深…浸水した地点の地面から水面までの高さを浸水深と呼び、津波襲来時の潮位から

＊検潮所
数人入れる程度の小さな建物の中に、電波式、あるいはフロート式の検潮儀が設置され潮位が観測される。建物内にある井戸が「導水管」を通して海とつながり、この「導水管」が井戸内の水面の高さを外の海水面と同じ高さにする仕組み。

＊地盤高
平均潮位から地表面までの高さ。土木用語

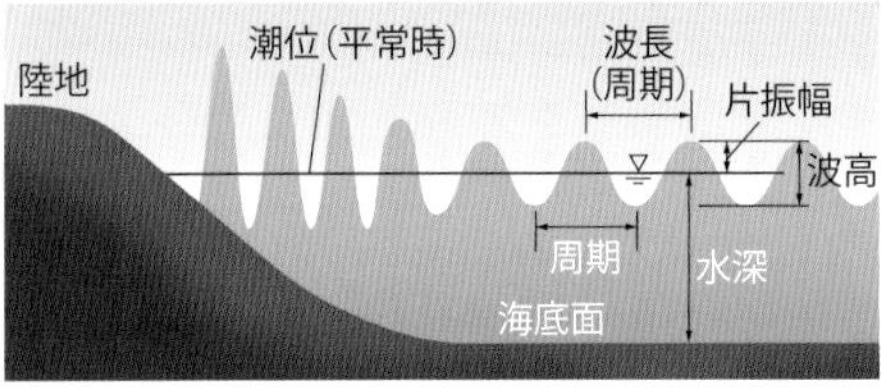

図 1.19　津波の諸元

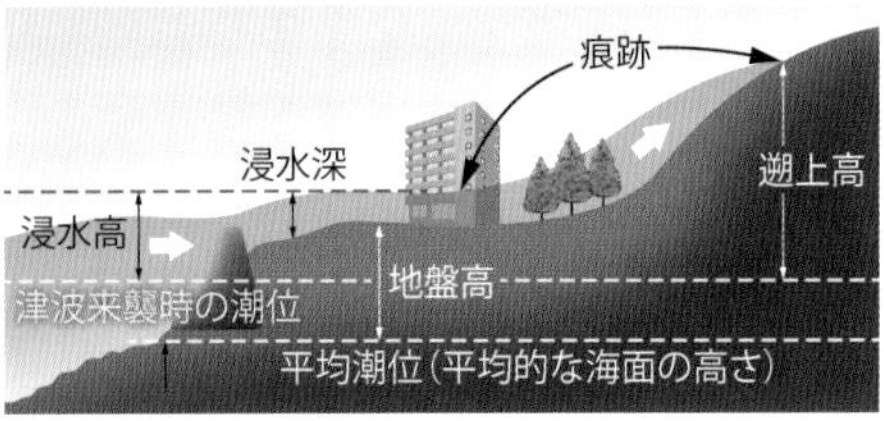

図 1.20　津波の高さや深さの定義

の高さを浸水高と呼ぶ。濡れたことによって構造物や草木、地表面が変形変色し、その部分まで浸水した後（痕跡）として残ることから、痕跡高《こんせきこう》または、痕跡深ともいう。

・浸水（域）…津波が陸にかけ上がって水（海水や泥水）が入り込む状況、またはその範囲。

・到達時間（時刻）…津波の現象（引き波、または押し波）が初めて現れる時間（時刻）。

・最大波高出現時間…ある地点で観測される波のうち最大のものを最大波高といい、それが発生する時間。

・収束時間…津波が減衰し現象が確認できなくなった時点。

＊津波警報解除の際に重要となります。

・影響出現時間…被害等の影響が出るような波高が生じる時間。

＊実際の海域では20cm程度の津波の高さで被害が発生し得ます。

次に、津波の性質を表す3つの指標を説明します。

①波形勾配…波高と波長の比で表され、波の険しさを表しています。津波が深い海域から　浅い海域に入ってきた場合には勾配は大きくなり、波として認識できるようになります。この勾配が一番大きくなると、最終的に砕波（波が砕け散る）に至ります。

②水深波高比…水深に対する波高の比で、波の非線形性（曲線的な大きさ）を表します。非線形性が大きくなると波が切り立ち砕波などの現象になり、大変に複雑な現象になります。

③水深波長比…水深に対する波長の比で、この比が小さい場合には長波（浅海での波）に、大きい場合には表面波（深海での波）と分類されます。

最後に、津波とふつうの波（波浪）の違いを説明します。

津波は、波浪に比べて波長が非常に長いことが挙げられます（図1・21）。津波の波長は曲線の山（一番高いところ）から次の山までが数km〜数百kmにもわたり、海底から海面まで海水全体が短時間で変動し、海水全体が水の塊となって伝わっていきます。波というより急激な潮の満ち引き、海面上昇という表現が適切かもしれません。勢いが衰えることなく連続して押し寄せ、浅い海岸付近に来ると波の高さが急激に高くなる特徴があります。また、引き波も強い力で長時間にわたるため、漂流物を一気に海中に引き込みます。

一方で波（波浪）は、海で吹いている風によって生じる海面付近の現象で、波長は数m〜数百m程度、海面付近の海水だけが繰り返し押し寄せるという現象です。うねりは、この中でも長い波長の部分を示し、台風などが襲来する前に観測されます。

このように津波の波長は長いという現象の違いもあり、前述したとおり津波と波はその高さの計測方法も変わってきます。（波高と津波の高さの違い）

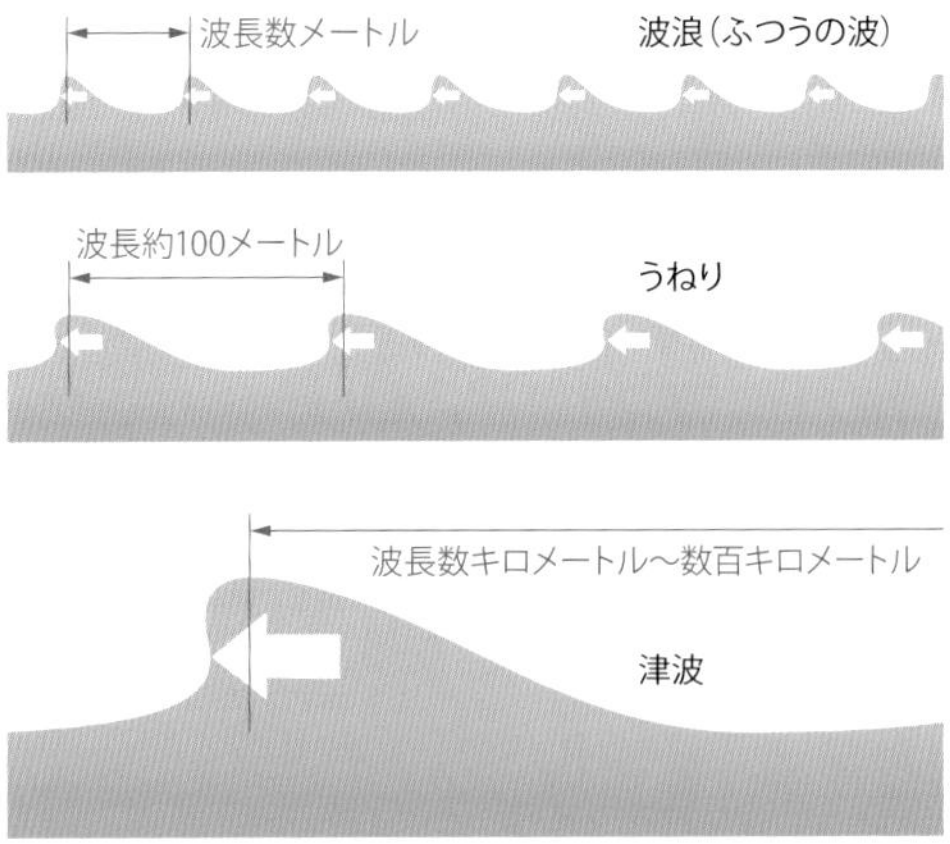

図1.21　津波と波（波浪）の違い

第2章 河川津波のメカニズム

2.1 河川津波とは?

海底での地震により発生した津波は、沖合から沿岸域・海岸へと向かってくるのが一般的な常識ですが、場合によっては内陸部から津波が襲ってくることもあります。イメージし難いと思いますが、沿岸から来襲した津波は、まず海と繋がっている河川を遡上します。河口から浸入した津波は河川沿いに伝播して（伝わって）いきますが、途中で河川堤防の決壊やその高さを超えて越流する場合には、そこから市街地・平地に氾濫するために、内陸部から津波が襲ってくることになります。これら一連の津波を「河川津波」と呼び、津波の河川への遡上とさらに市街地への氾濫が特徴となります。

沖合から伝わっていく津波は沿岸域に到達しますが、そこでは海岸線がほとんどであり、河口および河川は一部しかありません。そのため、従来ではそこに浸入する津波にはあまり関心が向けられませんでしたが、最近の都市化（堤防・防潮堤の整備、住宅密集、道路橋）などにより、河川を遡上する津波が堤防などを乗り越えて市街地に侵入するため注目され始めています。

津波にとって河口は、海域と直接繋がって地盤が低いために入りやすく、河道《かどう》＊

＊河川津波
2018年3月4日、NHKスペシャル『"河川津波"～震災7年 知られざる脅威～』で報道され、東日本大震災では福島、宮城、岩手の3県を流れる175の河川を遡上していた。河川津波は、特に多賀城市などの事例の中で都市域での新たな脅威として紹介された。

＊河道
川幅の流域。河川水の流路となる細長い凹地のこと。

には陸上と違って障害物（抵抗するもの）が少ないので、沿岸（海岸線）から遡上する津波より伝播速度（伝わる速度）はとても速くなります。河川が蛇行している場合は、遡上に伴って回り込み、ある地点から堤防などを越えて市街地へ浸入してきます。この地点での予測は難しく、堤防を越えたり決壊する場合だけでなく、その河川につながる小河川からの逆流もあり、津波が思わぬ場所や方向から浸入してくることになります。地域によっては、排水口などを通じてマンホールから湧き出すこともあり、実際に2010年チリ中部地震津波の際には、気仙沼市でマンホールからの逆流による浸水が報告されています。

一般に河川を遡上する津波には、以下のような特徴があります。

・河口部に隣接した沿岸から陸上を遡上する津波に比べて到達時間が速く、遡上する距離も長い。
・河川流の影響や比較的浅い水深の領域が連続しているため、津波の波頭部が段波となることが多い。
・入射する津波の諸元（津波の性状を数値で表せる要素）と河川条件によっては波状性*段波となって、津波高が急に増大する場合がある。

しかしながら、実際の津波の痕跡値や詳細な河川地形データが少ないことに加え、分散性という特殊現象を再現できる計算条件（モデルや格子間隔）を設定した作業が煩雑であることから、河川における上記現象を解析・検証した事例は少ないのが現状です。深海と浅海での分散性の違いは、いずれの場合も短い周期の成分が

＊波状性
先端から波が分かれていくという現象。津波の場合には、河川や遠浅海岸などで波状性の段波が確認されている。

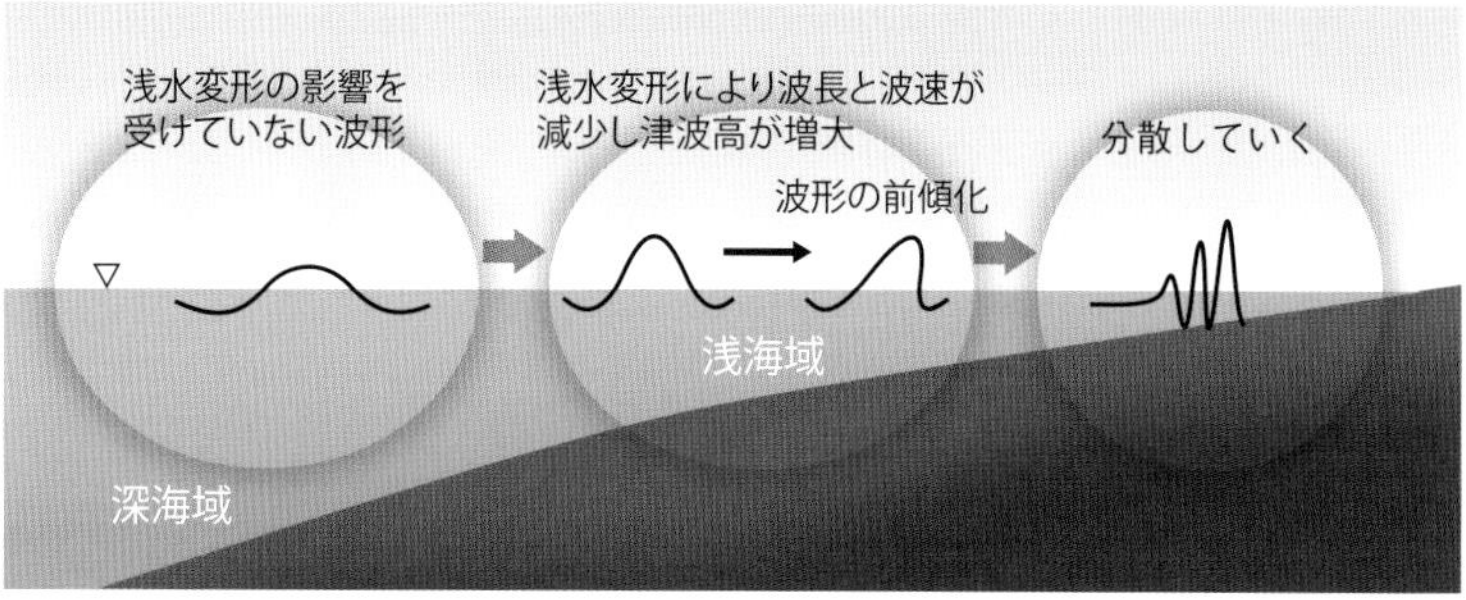

図 2.1　深海から浅海における津波の分散性＊

大きくなり、津波がより波のように(波状)見えてきます。(図2・1)

河川津波は、先端部での水位差が高くなり段波となって遡上します。段波は河川の中で2つのタイプに形を変えて遡上していきます(図2・2)。一つは、先端部が激しく崩れながら遡上する砕波《さいは》＊段波です。津波先端部の高さはほとんど変わらず遡上します。もう一つは、先端部が数十メートルほどの波長をもつ複数の波に分かれた波状性段波です(図2・3)。非常に安定した波であるためなかなか砕波に至らず、したがって津波のエネルギーはあまり減衰しません。さらに、波状性段波となった段波の波高は、2倍程度まで水位が急激に高くなる場合もあります。

1983年、日本海中部地震津波で＊

＊(津波の)分散性
短い波長の波が伝播するにつれ波形が広がって、いくつもの波が明確に表れてくる現象。

＊砕波
沖合から波が岸に近づく際に、水深が浅くなるにつれて波高が変化し、やがて波形が不安定となって前方へとくずれる現象、波。

の米代川（秋田県）や、２００３年十勝沖地震津波で十勝川（北海道）を遡上した津波は、砕波段波や波状性段波となって数十キロ上流まで河川を遡上した記録が残されています。（図２・４）

また、河川が大きく湾曲する場所では、遠心力の効果によって湾曲部外側で水位が高くなる場合もあります。このような現象が合わさると、津波が堤防からあふれる危険があり、海岸から数km離れた場所でも河川の近くでは津波に注意をしなければなりません。

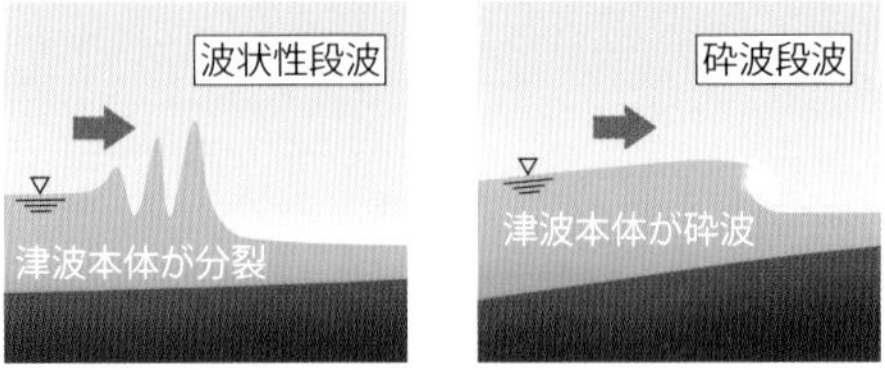

壁のように切り立って来襲する津波。

図 2.2　河川津波における２種類の段波

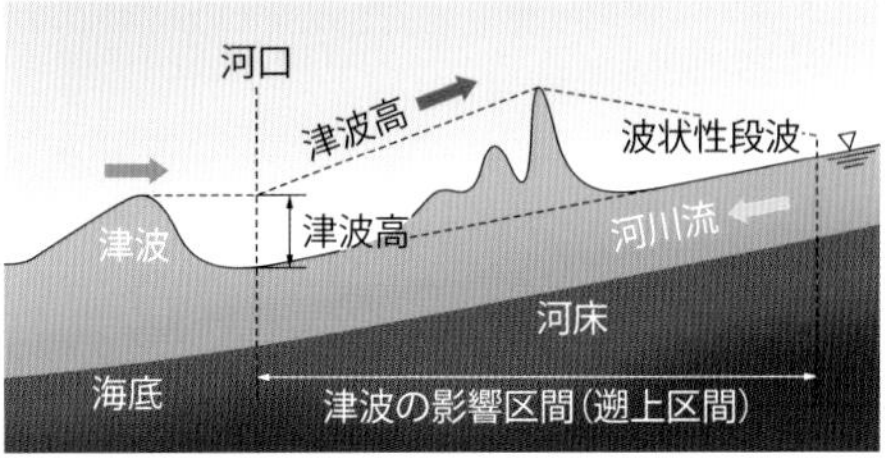

河道の途中で波の高さが急激に大きくなる場合があります。

図 2.3　波状性段波

（出典：(財)国土技術研究センター『津波の河川遡上解析の手引き』、2007 より作成）

2.2 河川を遡上する津波の代表事例

（1） 2003年十勝沖地震津波

2003（平成15）年9月26日十勝沖地震のときには、十勝川を遡上する津波の様子が陸上自衛隊により撮影されていました（図2.4）、ここでは段波状の切り立った波の先端付近で、短い周期の成分が見られ、波状性段波として確認できます。写真奥（海岸）から浸入した津波は、左岸付近の方に向かって波高が大きくなり、白波《はくは》＊（砕波）している様子も見られる貴重な写真です。

北海道開発土木研究所の調査では、津波は十勝川を少なくとも約11km遡り、河道の高水敷《こうすいしき》＊まで達していたと見られ、ここでの痕跡高は標高1～2mほどでした。沿岸からかなり離れた場所でも津波が来襲したことを示しており、海岸だけでなく河川での釣り人や近くの住民への注意喚起が必要となりました。

従来の津波被害推定でも、津波が河川を遡上し堤防を越えると浸水域が広がるという認識はありました。十勝沖地震では強い揺れによって十勝川の堤防が大きな被害を受けていましたので、状況によっては津波が堤防の高さである天端高《てんばこう》＊を越え

十勝川を河口から11km上流まで遡上しました。

図2.4 十勝沖地震による津波

＊白波（しらなみとも読む。）
波頭がくだけて白く見える波。

＊高水敷
洪水時に冠水する部分。

＊天端高
堤防やダムの最上面。

なくとも堤防の破壊箇所まで津波が到達していたら、浸水は免れなかったのではないかと考えられます。将来的には、砂丘を切り開いて造った河川・排水路から津波が遡上、河川沿いに流れ込んで氾濫し、自然排水できない0ｍ地帯に大量の水が溜まる事態が考えられます。

（2）２０１１年東日本大震災*

東日本大震災でも、河川へ遡上する津波が発生し市街地へ広く浸水しました。さらに遡上津波によって堤防や橋が壊れたり、橋脚で漂流物が引っかかりダムなどのような堰上《せきあげ》げ効果*で水位が上昇した事例など、二次的な災害も多く発生しました。河川への遡上津波は、橋や鉄道などの交通インフラを破損させて災害対応や復旧・復興を遅らせる原因にもなり、また田畑に海水が入り込むことで塩害などにも苦しむことになります。

この震災において津波は、福島、宮城、岩手を流れる１７５の河川を遡上し、驚くべきことに北上川では河口から49㎞上流まで遡上したと報告されています。また、流域だけでも甚大な人的被害を出し、石巻市北上総合支所で54名、石巻市立大川小学校で84名など、流域の犠牲者は６００名を超えました。

河川を遡上する津波は、河川に設置されている水位観測所のデータによると、福地水位観測所（宮城県石巻市、北上川河口から８㎞）で４２４㎝、大泉水位観測所（宮城県登米市、北上川河口から49㎞）で11㎝を観測するなど、その遡上範囲は宮城県の河口付近から遠く内陸の岩手県境付近にまで及んでいました。（図２・５）

＊東日本大震災
（東北地方太平洋沖地震）
２０１１（平成２３）年３月１１日１４時４６分、三陸沖を震源とするＭ９・０（国内観測史上最大）の地震が発生し、最大震度７（宮城県栗原市）、宮城、福島、茨城、栃木の４県３７市町村で震度６強を、東日本を中心に北海道から九州地方にかけての広範囲で震度６弱～１を観測した。この地震により東北地方から関東地方北部の太平洋側を大津波が襲来、甚大な被害を及ぼした。この地震による災害を「東日本大震災」と呼ぶことが閣議決定された。２０１９年３月現在：死者１万９６８９名、行方不明２５６３名、住家被害は全壊１２万１９９５戸、半壊２８万２９３９戸（緊急災害対策本部発表）

＊堰上げ効果
河川の橋付近などで流木などの漂流物が密集することで河川の流れが停滞し、水位が上昇すること。

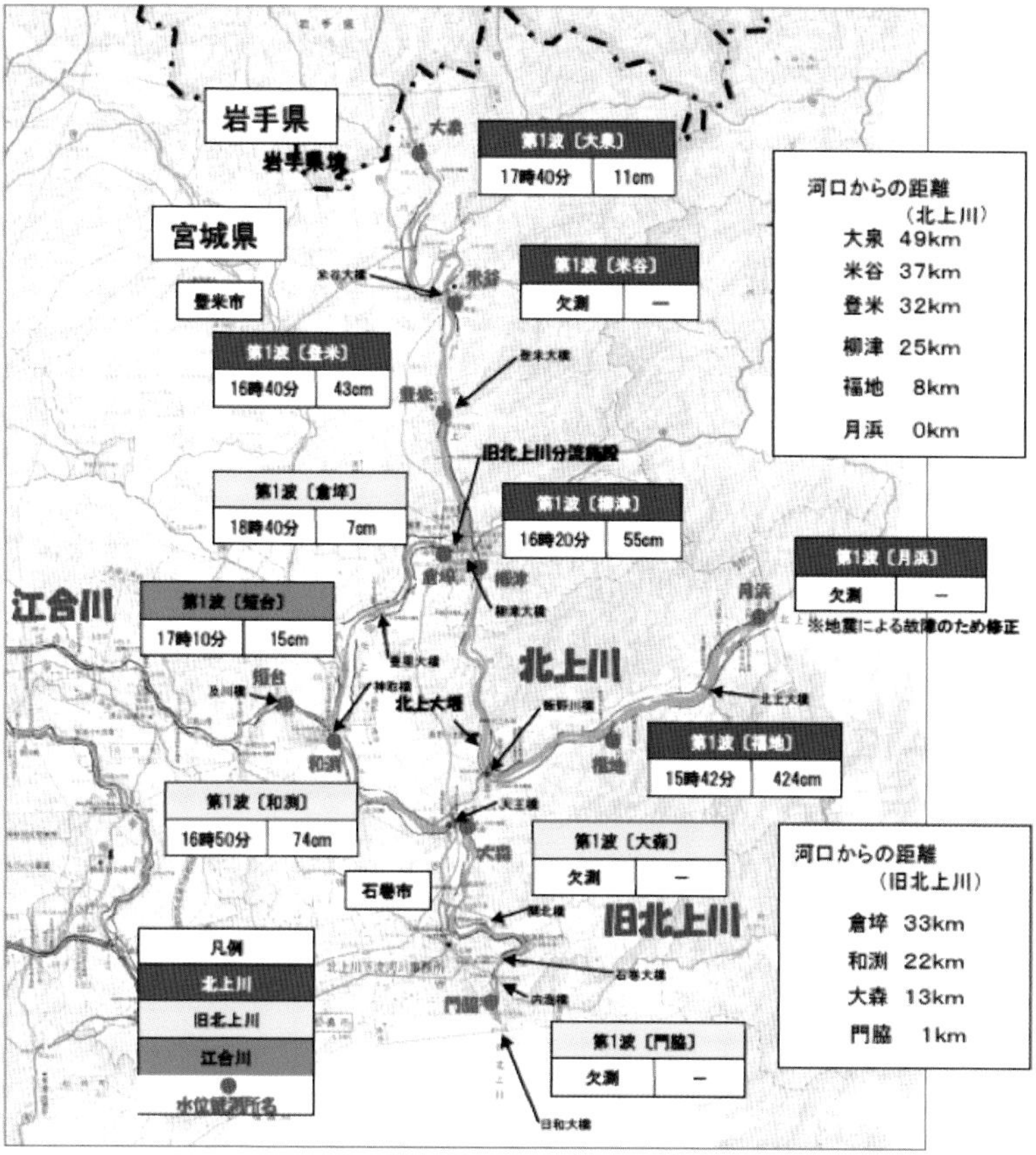

※この数値は観測所の10分データにより算出された波高を表示しております。
（「福地」水位観測所については、1分データによる波高を表示しております。）

図 2.5　北上川及び旧北上川における津波遡上範囲と到達時間

（出典：東北地方整備局ホームページより）

＊塩害
河川への海水の逆流、高潮による海水の浸入などで、土壌中の塩分濃度が高まることで農作物の育成が妨げられる害。

(3) 2004年スマトラ沖地震インド洋大津波：スリランカ

河川津波は海外でも報告されています。世界中の沿岸には大小の河川が注いでおり、そこに来襲して河川を遡上した津波は多くあるはずです。しかしながら、沿岸域の津波を報告した事例はたくさんありますが、内陸河川に沿った外国での報告は以外にも少ないのです。その中でも2004年に起きたインド洋津波のスリランカでの事例を報告します。

2004年12月に発生したスマトラ沖地震*に伴う津波は、インド洋を通じて約2時間後にはスリランカにも到達しました。この地域は大きな地震は無く、今回のようにインドネシア

図2.6　スリランカ南部の小河川河口部からみた陸側（撮影：著者）

＊スマトラ沖地震
2004年12月26日午前7時58分、インドネシア西部、スマトラ島北西沖のインド洋で発生したM9.0と推定される巨大地震が発生。これにより発生した大津波がインドネシアのみならず、遠地津波として遠くはアフリカ大陸まで到達、インド洋沿岸諸国を襲い、未曾有の被害をもたらした。被災者120万名、死者および行方不明者数23万名以上、被害総額は78億ドル超に達する未曽有の大災害と見込まれているが、その全容は明らかではない。世界的な観光地タイのプーケットなども襲い、住民のみならず日本をはじめ欧米等海外からの観光客も多数犠牲となった。

で発生したと考えられる歴史的な津波が限定的に伝承されている程度でした。東海岸を直撃した津波は、特に南側に回り込み、地方中心都市のゴールを中心に大きな被害を及ぼしました。津波の河川遡上については、河口周辺の地形特性（特に砂州《さす》＊など）に応じて様相が異なっていて、湾口での水門や河川沿いに堤防は無く、広い河口を持ち勾配の緩やかな河道を遡上したと報告されています。最大20kmも内陸に遡上し、調査された河川でも平均で4～5kmは到達していました。ここでは、マングローブなどの植生・樹木の状況（図2・6）に影響した痕跡が数多くみられ、ゴールにおいては市内を流れる小河川を遡上した津波の氾濫により、局所的な被害が生じました。（図2・7）

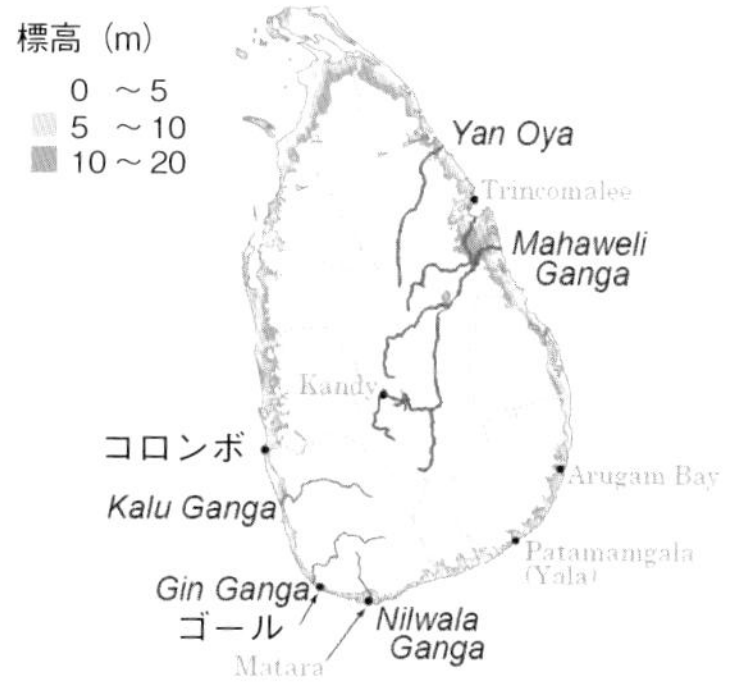

図2.7 田中らがスリランカで調査した河川（土木学会,2006）

＊砂州
流水によって形成される砂の堆積構造・地形。特に河口部では細長く形成されることが多い。

2.3 東日本大震災：新北上川河口付近 ―大川小学校への影響

東日本大震災で発生した河川津波では、石巻市大川小学校の児童108名のうち70名が犠牲となり、4名が行方不明です。また、教職員11人のうち男性教務主任を除く10名も亡くなられ、学校管理下で戦後最悪の災害事故となりました（令和元年12月1日当時）。

小学校は、北上川河口から約3.7km離れた海抜約1.1mに位置しています。石巻市の津波ハザードマップ（図2・8）では浸水予想区域外でした。地震発生の約50分後に津波が襲来し、最高水位は高さ約8.7mに達したと報告されています。当時、強く長い揺れの後に津波が来襲し（図2・9）、新北上川を河

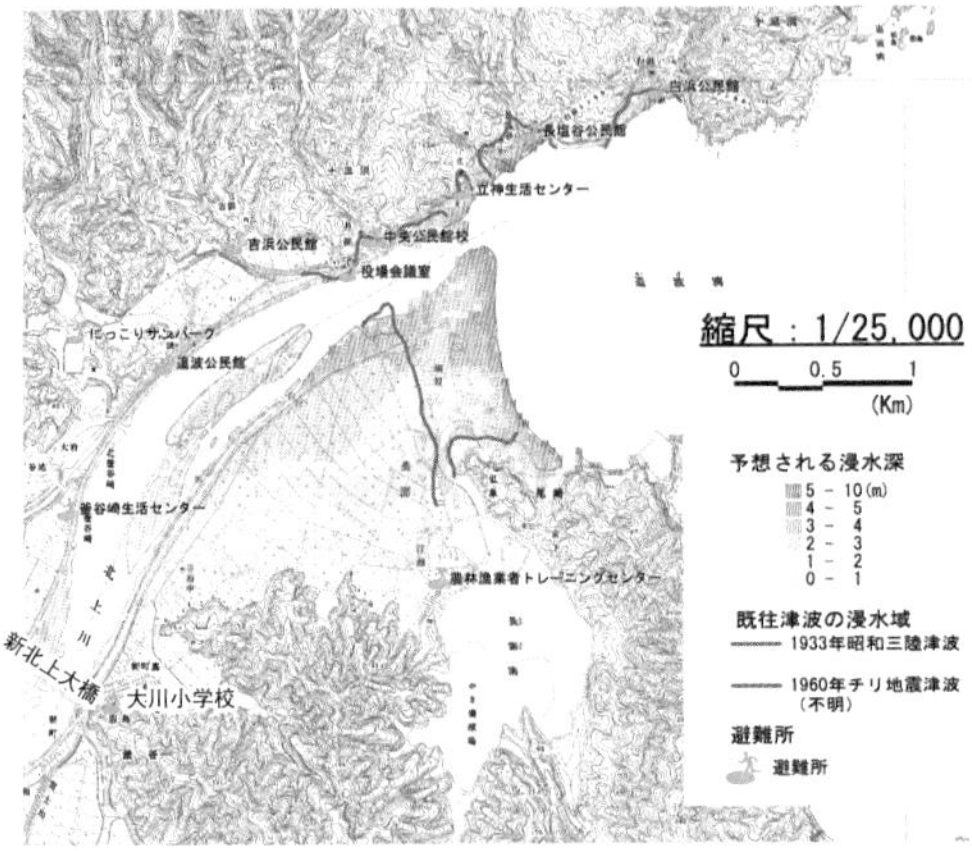

図2.8 震災前の津波ハザードマップ（一部加工）

同小の児童らが避難に向かう予定だった新北上大橋も波をかぶった。（出典：宮城県石巻市河北総合支所職員が撮影した映像から）

図2.9 津波に飲み込まれる大川小学校周辺地域

口（写真右手側）から遡上した津波は上流側に逆流し、新北上大橋の欄干も飲み込みました。（写真中央部）すでに、下流から多くの漂流物が流されていることがわかります。これらが、橋にひっかかり津波の通過を悪くしたために、さらなる水位上昇があったと考えられています。

東北大学災害科学国際研究所で実施した津波の河川・陸地の遡上計算結果の一部からは、地震・津波発生の44分後には、新北上大橋を超えて浸入しています（図2・10）。そのさらに1分後には、大川小学校に向かって海岸線からまっすぐ陸上を遡上した流れと新北上大橋から流れ込んできた流れが重なりあい、流速を増している様子が分かります。これらの解析が、今後、実際の記録・証言や痕跡と比較検討を行いながら、信頼性の高いモデルに改善され、当時の河川津波を理解する情報になればと願っています。

2018（平成30）年4月26日の児童たちの遺族が石巻市と宮城県に損害賠償を求めた訴訟の控訴審判決では、仙台高裁は教員らの避難対応の過失のみを認定した一審仙台地裁判決を破棄し、「学校は津波避難場所を定めておくべきだった」とした判決を出しています。学校の事前防災を巡り、法的責任を認めた司法判断は初めてであり、学校保健安全法を論拠に学校と市教育委員会が負うべき「安全確保義務」も初めて定義されました。

今後の防災教育では、学校、地域、大学等の連携がさらに重要となります。特に、科学的知見、評価への期待は大きいですが、不確定性、不確実性の課題は常に存在、その状況下での判断・対応が求められています。当時、気仙沼市のハザードマップには「ある条件のもとで想定した津波浸水域ですので、浸水区域の外であっても想定を越えた津波が発生すれば被害が生じますので、油断することなく日頃から避難や防災について考えておきましょう」という文書が赤字で明記されていました（図2・11）。石巻市の「河北地区 防災ガイド・ハザードマップ（平成21年3月）」（図2・8）によれば、大川小学校は津波の予想浸水域から外れており、

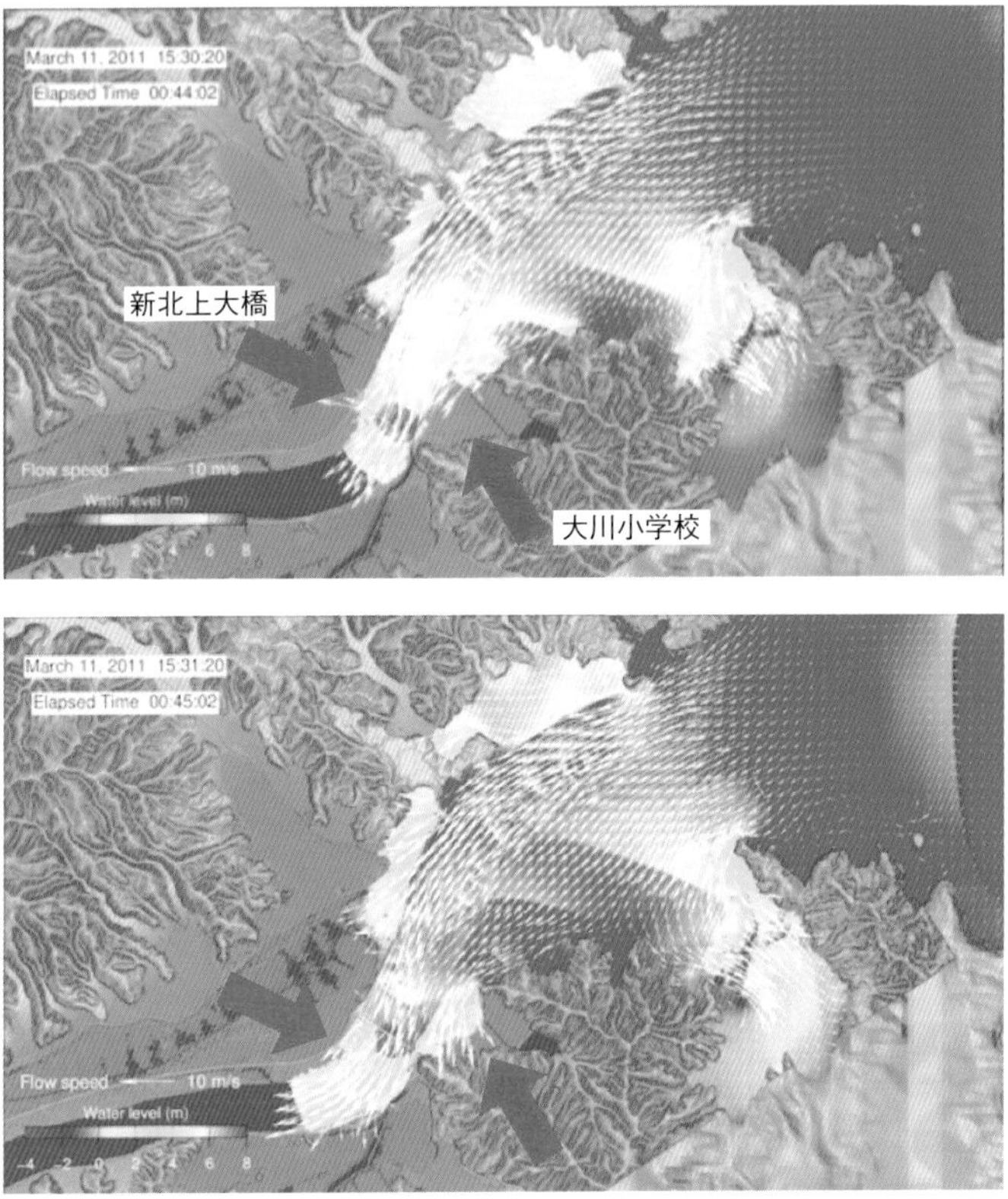

河川と陸上遡上が重なりあっています。

図 2.10　新北上川を遡上する津波（出典：東北大学災害科学国際研究所）

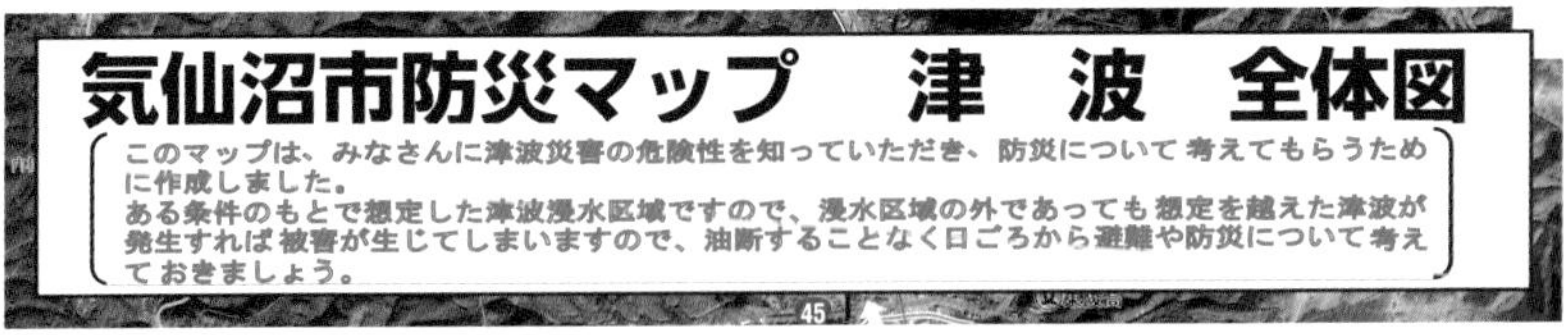

図 2.11　気仙沼市防災マップ（津波）

津波の際の避難所として示されていました。さらに、当時の市の計画によれば「津波・洪水の避難所としては浸水しない施設であること」とされていますが、これは本来の「緊急避難場所」*として相応しいかの判断なしに、浸水図だけで決めたのではないかと思われます。「緊急避難場所」と「(広域) 指定避難所」*の二つの明確な区別がここでも重要となっています。

2.4 東日本大震災：多賀城市砂押川 ―都市型河川津波の恐怖

仙台港の北に位置する多賀城市（図2・12）は、港に集積された物資を東北各県に運ぶ国道45号線と県道23号線、通称「産業道路」を中心に東北最大の物流拠点として発展してきました。仙台港の北部には、市の中心部を流れる砂押川（県管理の二級河川）が注いでおり、一部は貞山運河とも繋がっています。この河川沿いには、マンションや住宅が密集し、普段では海が見えない工場地帯や住宅地を津波が襲ったことになります。

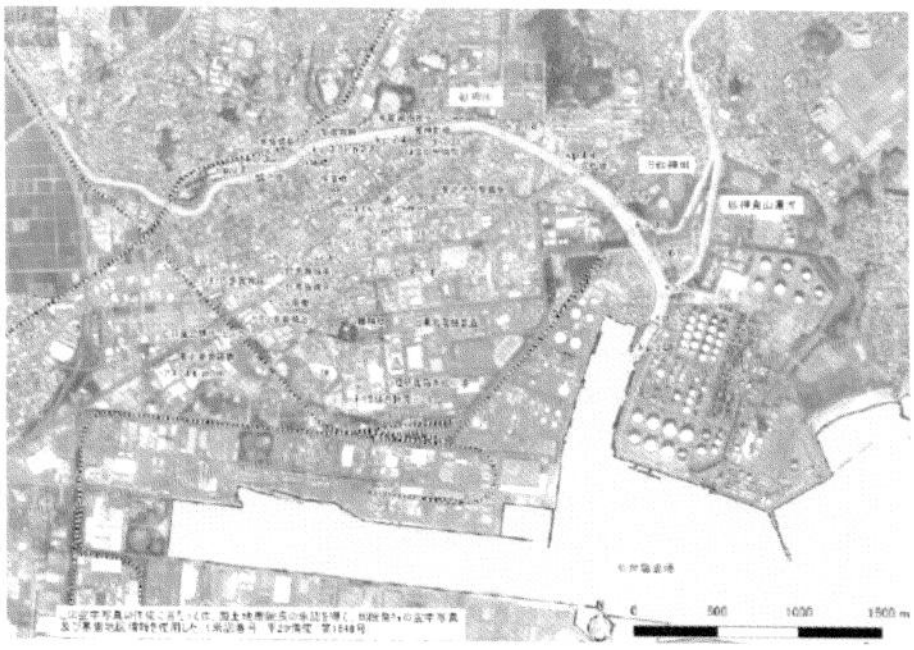

図2.12　砂押川の河口から上流5km地点付近までの航空写真

（著者作成、国土地理院の許可を得て基盤地図情報を使用）

＊緊急避難場所

津波、洪水などの災害による生命に危険を及ぼすような状況のときに、住民等の生命と安全の確保を目的として、危険な状態が解消されるまで一時的な避難先として指定されている場所。災害の種類ごとに場所が異なり、大きな公園や緑地、高台、大学や学校の敷地内などが指定される。避難生活を送る場所ではないので、基本的には保存水や非常食の備えはない。

＊指定避難所

災害の危険があり避難した住民や被災した住民が、その危険がなくなるまで必要な期間滞在することを目的とした施設。小中学校や公民館などの公共施設が指定される。避難生活を送る場所なので、保存水や非常食などが備蓄されている。

２０１３年（平成２５年）の災害対策基本法の改正により、この２つを明確に区別して指定することが市町村長に義務付けられた。

この津波により市の面積の三分の一が浸水し、特に国道45号線より東側の工業団地や住宅地は、壊滅的な被害を受けました。

当時の住民が撮影した貴重な河川津波の写真があります。（図2・13、図2・14）下流から上流へ勢いよく流れ、屈曲部で津波が少し大きくなっている様子がわかります。途中、堤防が低くなっている場所を越えて流れたり、道路橋で水位が上昇し、周辺の中心部や住宅地に流れ込んでいます。

中心部に来襲した津波は、建物に遮られて水位が上昇、建物の隙間に流れが集中し、一気に速度を上げました。大きな流れや複数の流れがまとまり流速が速められる縮流《しゅくりゅう》という現象が起こり、（図2・15）そのスピードは最高で時速20km以上に達していました（図2・16）の解析により、同じ色の矢印の間隔は1秒間の移動距離を示し、最大5m以上ありました）。さらに、激流は道路を水路の

図 2.13　砂押川を遡上する津波　（撮影：横内みゆきさん、「たがじょう見聞憶」より）

図 2.14　砂押川右岸を越流する津波　（撮影：馬場　学さん、「たがじょう見聞憶」より）

ように伝い市街地へと進入、コンクリートの建物にぶつかって向きを変え、複雑な流れとなっていったのです。さらに、細い道を抜けた津波が交差点などで一つになる合流も起きました。

避難する住民は、川と海からの2つの津波に挟まれてしまい、多賀城市では188名が死亡し、被害は幹線道路沿いに集中していました。津波の警報や注意報が発令された場合には、近くにある頑丈で高い建物に速やかに避難することが最善ですが、それができずに「逃げる手段が限られる」「方向がわからない」「逃げる時間がない」、これが都市型津波の怖さになります。

先に述べた「縮流」ですが、多賀城市内で撮影された映像を分析すると、秒速1m（時速3.6㎞）にも満たない速さで進んできた津波が市街地で加速し、わずか数分で秒速2～5m（時速7.2～18㎞）ほどに達しました。上陸してしまえば津波の勢いが弱ってくると考えがちですが、このように高さや速度を増してしまうことがあるのです。（図2・16）

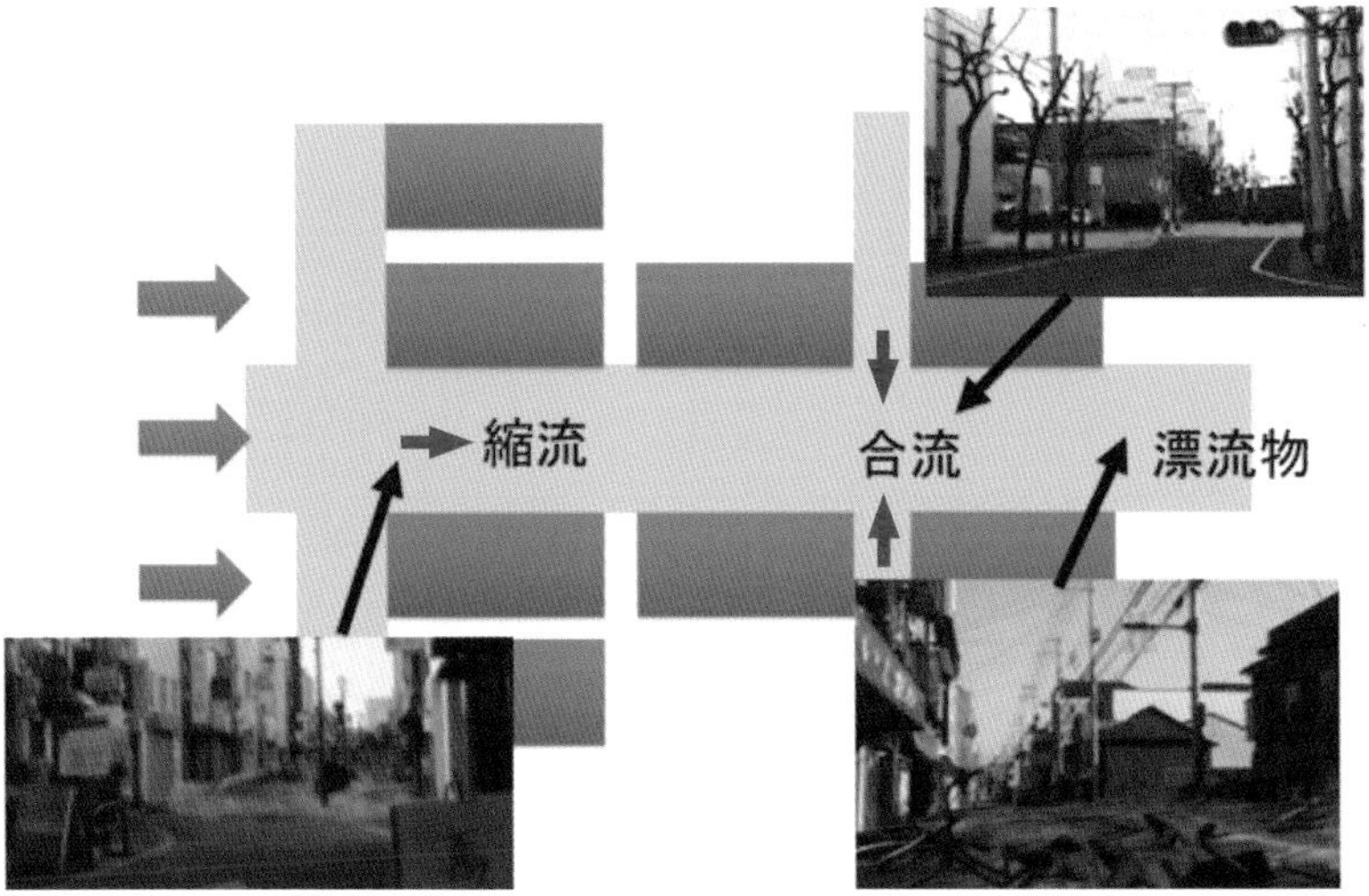

図2.15　都市域での津波の縮流，合流の状況

図2・17には、沿岸から陸上・河川を遡上する津波の流速値を配色して示しています。仙台港から遡上し始めた津波は内陸側に向かって浸入していますが、同時に、砂押川に沿って遡上する津波（赤い矢印）は、多賀城市内を大きく回り込んで伝わっています。また、陸上に遡上した津波は、建物の間で加速し強い流れの筋（赤い円で囲まれた領域）が見えています。

写真左側より建物の間を加速する津波。同じ色の矢印の間隔は、１秒間の移動距離を示唆しています。

図 2.16　多賀城市での車浸水
（著者加筆して作成）

＊多賀城市：河川を遡上する津波①（水位から見るＣＧ映像）

＊多賀城市：河川を遡上する津波②（流速から見るＣＧ映像）

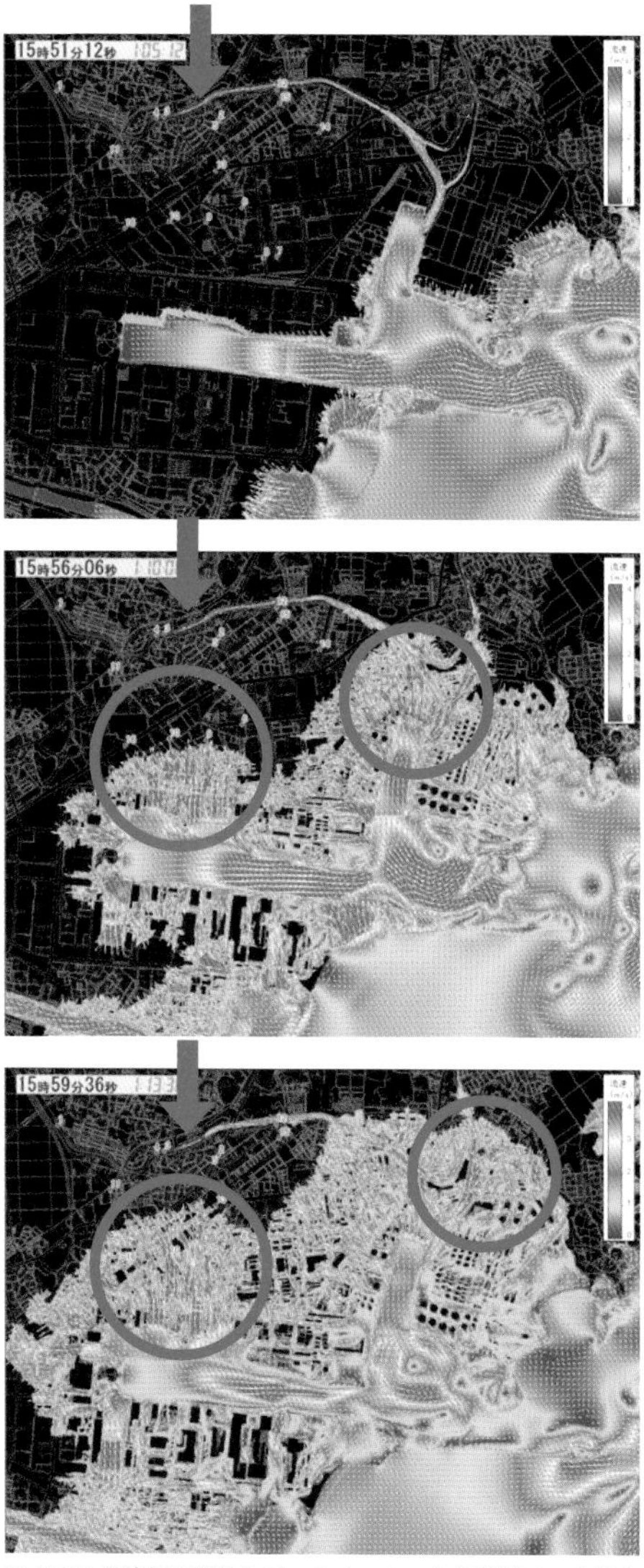

ここでは流速値に配色しています。赤い色は秒速 4m を超えています。砂押川を遡上する津波は、多賀城市内を大きく回り込んで侵入しています。また、陸上に遡上した津波は、建物の間で加速し強い流れの筋が見えています。

図 2.17　沿岸から陸上・河川を遡上する津波

2.5 黒い津波の実態

東日本大震災で撮影された写真や映像の中には、今までにはない津波の不思議な特徴が記録されていました。それは沿岸から遡上した津波の色です。真っ黒な津波が陸上に駆け上がり、河川を遡上していったのです。この黒い正体は、海の底に沈殿していたヘドロであり、密度は1ℓあたり約1130ｇとなり、通常の海水に比べ10％重い比重でした。この粒子は極めて小さく、シルト（細かい砂と粘土の中間的な粗さの土粒子から構成される沈泥）から粘土（泥状）に近い成分と思われます。

〝黒い津波〟*は単に通常の津波と色が違うだけでなく、被害拡大の大きな要因と言われています。この影響の一つが、波そのものの力である波力の増加でした。単純に密度の増加だけでなく、津波先端が高い粘性により切り立ち、先端の波形勾配が増加し、津波の衝撃力を増したようです。中央大学の有川太郎教授は、「この黒い津波は海底から巻き上がったものであり、津波の強い流れにより海底が掘りおこされ、大量にヘドロ・土砂が移動したと考えられます。そこでは深く掘れたために、後続の津波が浸入しやすくなった状況が推定され、河口部において砂州などが浸食を受け、河口が広がり同様な効果があったと思われます」とコメントを出しています。

〝黒い津波〟は人的被害、緊急対応や復旧の段階でも影響を与えていた可能性が

＊黒い津波
２０１９年３月３日（日）放送のＮＨＫスペシャル「〝黒い津波〟知られざる実像」で取り上げられ、津波のメカニズムを研究する中央大学：有川太郎教授らが〝黒い津波〟を徹底的に解析、その実像に迫った。

あります。『ＮＨＫスペシャル』の番組調査（２０１９年）によると、ＮＨＫが東日本大震災で検視を行った法医学者に対して「津波が砂や泥、ガレキなどを巻き込んで押し寄せたことが死者の増加につながったと感じるか」とアンケートしたところ、30名から回答があり「感じる」が15名、「どちらかといえば感じる」が９名というように、〝黒い津波〟が死者の増加に影響したと答えた人が８割を占めました。「溺死と判断したほとんどの遺体の口には土砂が付着していた」「黒い波に入ってしまうと視界が奪われ動作がしづらくなっていたのでは」という報告がされています。

さらに、３００名以上の検視を行った東北医科薬科大学の高木徹也教授は、今回見つかった〝黒い津波〟が入った容器にへばりついていた黒い塊に注目しました。粘りをもった塊となったことで危険性が増したと推測し、「ヘドロのような重い水とか異物の場合は、のど元や気管支などを詰まらせる原因になります。純粋な水じゃなかった分、死者を増やした要因になっているのではないか」と指摘しています。

さらに、〝黒い津波〟は津波から生き残った人たちにとっても脅威となりました。津波を吸い込むことによって「津波肺*」となり、重度の肺炎を発症することになります。今回見つかった〝黒い津波〟の場合、粒子は小さいものでおよそ４㎛*、肺の一番奥まで達するほど細かいものまで含まれていました。さらに油や重金属など、さまざまな有害物質が検出され、肺の炎症につながったとみられています。

黒い津波は乾燥して粉じんとなった後も、健康への影響が続きます。気仙沼市の

＊津波肺
津波による汚濁した海水が肺に侵入することで引き起こされる重篤な肺炎。

＊マイクロメートル
１マイクロメートル＝０・００１ミリ

女性は、自宅から流された物を探し回るうちに、大量の粉じんを吸い込んだことが原因とみられる重い肺の病気を思いました。肺の洗浄を行い命は取り留めましたが、1年以上入退院を繰り返しました。

このように〝黒い津波〟は、破壊力の大きい重い津波であり、さらに人への危険性も高い津波であることが明らかになりました。同じような地形や状況の地域は、〝黒い津波〟がいつどこで発生してもおかしくはありません。これまでの津波のイメージを変えたうえで、素早い避難やその後の対応での注意を徹底していく必要があります。

ここでは真っ黒な津波が記録された。

図 2.18　宮古市閉伊川を遡上し堤防を越流した津波

（提供：宮古市）

第3章 河川津波による被害 〈応用編〉

3.1 陸と海への影響と被害

津波による影響や被害は、陸域および浅海域での広い範囲に及びます。（図3・1に陸域と海域を分けて被害の主な内容を示しました。）

まず、陸域での被害は、津波が浸水することにより、人的被害を始めとして家屋、施設（防潮堤・水門）、火災延焼、経済（サービス停止）、ライフライン（上下水道・電力・ガス・通信）、交通（道路・鉄道）、農業（水田・畑への塩水浸入）、地盤（浸食・堆積・洗掘《せんくつ》＊）などがあります。

一方、海域での被害は、施設（海の防波堤など沿岸施設）のほか、船舶、水産、そして両者の共通として、油・材木流出（火災延焼の原因、沿岸環境汚染となる）があります。

最近の特徴としては、従来の人的・家屋被害に加え、道路・鉄道などの交通や

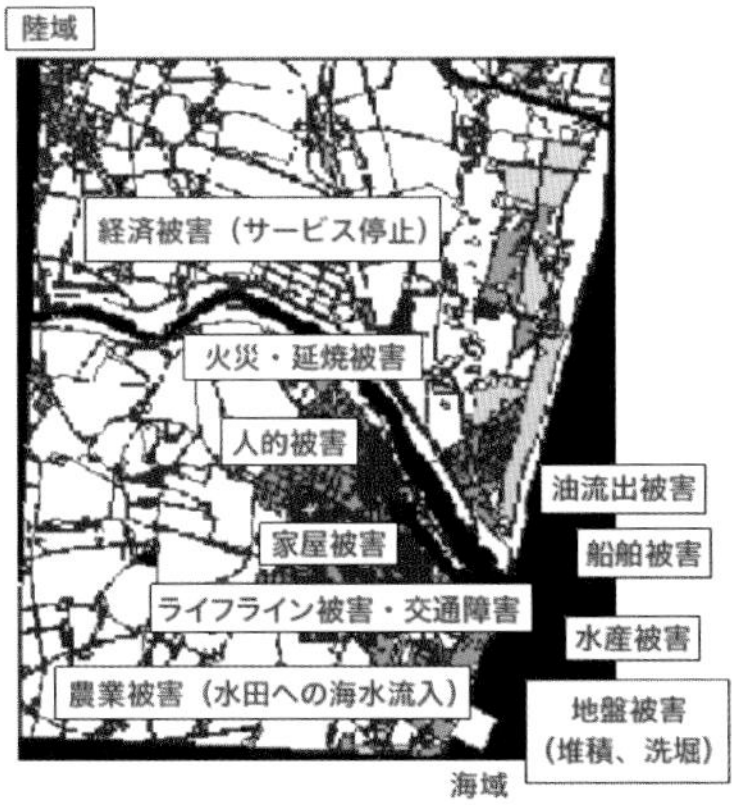

図3.1　陸域と海域における主な津波被害
（小谷・今村・首藤、1998）

＊洗掘
激しい流水や波浪により河岸、海岸の堤防等の表法面、または河床や海底の土砂が洗い流されること。

港湾域や都市域での被害もあります。津波力による破壊など直接的な被害だけではなく、強い流れ（掃流力＊）により、自動車や船舶、コンテナ、抜根・折損樹木の流出、そして破壊された建物の瓦礫など漂流物による被害、来襲後の大規模火災など多様な被害実態があり、貴重な資料と教訓が残されています。

津波は滅多に発生しない低頻度大災害の代表例ですが、一度起こると広域で甚大な被害を及ぼします。特に、広範囲で膨大な水塊が一気に流れ込んでくるので、犠牲者が多くなります。東日本大震災では、犠牲者の9割が津波による溺死と推定されています。1896年明治三陸大津波の際は、その来襲を表した絵図が『風俗画報＊』という当時の生活や災害を報告したグラフ雑誌（図3・2）に掲載されています。人も家もすべて流出させた津波は、当時2万名以上もの犠牲者を出し、最も被害の大きな津波災害の一つです。

図3.2 『風俗画報』で描かれた明治三陸大津波の様子

（出典：津波デジタルライブラリィ＊）

将来の特徴として指摘されることは、港内や沿岸で船舶の漂流による被害の増加です。典型的なパターンは、引き波で座礁し引き続き来襲する押し波で転覆、時には陸上に打ち上げられ

＊掃流力
水の流れが土砂などを運ぶ力。

＊風俗画報
明治・大正期（1889年に創刊、1916年に廃刊）に発行された日本最初のグラフィック雑誌。

＊津波デジタルライブラリィ
東北大学災害科学国際研究所みちのく震録伝の協力により運用されているデジタルアーカイブ。津波工学の研究、津波災害の啓蒙・教育、津波防災・減災の対策等に必要なデータを提供することを目的とする。

図 3.3　釜石市港湾内で津波によりうちあげられた巨大な船舶

（出典：岩手県建設業協会）

信濃川をさかのぼる津波

図 3.4　1964 年新潟地震津波

（出典：新潟地方気象台ホームページより）

ることです。津波により流された巨大な船舶が陸上に打ち上げられた事例もあります（図3・3）。船舶は水より軽く、浮いているために津波による強い流れで動かされると漂流を始め、最後は陸上にも打ち上げられ、このような漂流物が市街地などに浸入すれば、被害の拡大を引き起こします。河川に沿ってプレジャーボートなどが係留されている場所も多くあり、同じような影響と被害が懸念されています。

1964年新潟地震津波、1993年北海道南西沖地震津波や2011年東日本大震災の際には、津波火災*が多数報告されました。津波は海水であるので、火災とは無縁でありむしろ消火するものと思いがちですが、実際には広域で多数の火災が発生していました。沿岸部には石油やガスなど可燃物が大量に貯蔵されています。地震または津波によりその貯蔵庫が破壊される

＊津波火災
津波によって浸水した地域に発生する二次災害（複合災害）。水と火という相反する要因が結びつく災害であり、想定しにくい新たな災害リスクとなっている。

と可燃物が流出し、津波による流れはそれをさらに広域に移動・拡散させ、そこに電線でのショート等が原因で引火し火災を発生させるのです。大規模な火災に拡大するかどうかは、地形や陸地に残された瓦礫が重要な役割を担っています。

さらに、沿岸地形の変化(浸食や堆積)、海水の長期浸水、海底への瓦礫流入などにより生態系への影響もありました。海域から陸域への土砂の堆積が顕著に見られましたが、地域での歴史津波の痕跡として、陸域での津波堆積物による調査研究が注目され、発生の履歴だけでなく来襲の規模、回数などの推定も検討されています。

これら津波被害を誘因(引き金)・素因(おおもとの原因)ごとに、影響や被害状況を分類しました(表3・1)。誘因は、主に浸水・流れ・波力の3つに分けました。

表3.1 津波被害の誘因・素因・影響・被害

誘因	素因	影響事例	被害事例
浸水(泥水)	沿岸地形、海水、可燃物、土地利用形態	海水植物枯、津波火災、漏電	人的被害(主に溺死)、農業被害
流れ	沿岸地形、土砂・堆積物、漂流物(船舶,車)、土地利用形態	建物・構造物破壊、地形変化(浸食・堆積)	家屋・施設被害、インフラ被害、環境・生態破壊
波力	沿岸地形、建物・構造物	建物・構造物(特に、防波堤や防潮などの防護)破壊	家屋・施設被害、インフラ被害

(著者作成)

3.2 津波による犠牲がなぜ繰り返されるのか？

津波は地震などの原因により発生する災害であり、地震発生から数時間後に来襲することが多いという時間的余裕があるにも関わらず、避難が遅れ犠牲者を出しています。ここではその原因・理由について考えます。

まず揺れたからといって津波が常に発生するとは限らず、津波を懸念する中でどうしても沿岸域の様子を見る、または情報を得るなどをしている間に、行動が遅れるという傾向があります。特に沿岸から離れた場所、海が見えない場所などではその傾向が強いと考えられ、河川を遡上する津波の場合は、そのようなケースに当てはまるのではないでしょうか？

次に考えられるのが、津波の威力やパワーを甘く考えてしまう傾向です。膝下くらいの水深であれば逃げ切れるのではないか？　自分のところまでは強い津波は来ないのではないか？　と思いがちです。（89ページ「正常性バイアス」参照）

水槽の中で起こした流れに人がどれくらい耐えられるのかを調べた水理実験によると、30cm程度の深さの流れであっても、流れの速さが毎秒2m（時速7km程度）あると大人でも足がすくわれて倒れてしまう結果が得られています。水は大変に重いのですが流れが止まっている状態では、一つの方向に押されるような力は働きません。しかし一旦、流れが生じると、たとえ水深が浅くとも下流側に大きな力が作用することになります。

流れの中にいる人には、主に次の2つの力が働きます。一つは流れの加速度（時間の経過とともに流れの速さが変化する割合）に比例する力（慣性力）、もう一つは流れの速さの2乗に比例する力（抗力）です。この2つの力は流れと同じ向き（下流側）に働きます。

水の流れに対して人がどれくらい耐えられるかの記録として、津波ではなく台風による高潮*での実例を挙げます。1959（昭和34）年伊勢湾台風*（図3・5）が引き起こした高潮から逃げてきた人たちは、避難できる水の深さは成人男性では60～80cm、成人女性では40～60cm、小学校5・6年の児童では20～30cmと話しています。津波は高潮よりも流れが速くなることがあるので、これらの水深より浅くても避難できなくなる危険性が高くなります。

図3.5　三重県の伊勢湾台風による被害
（出典：内閣府ホームページより）

さらに、大きな津波になると建物が破壊され、その残骸（漂流物）が流されます。この残骸により人々は傷つけられ、あるいは水面を埋め尽くした残骸によって水面上に顔を出すことができずに溺れてしまう危険もあります。

*高潮
台風や発達した低気圧が通過するとき、潮位が大きく上昇すること。気圧が下がり，海面が吸い上げられ上昇する吸い上げ効果、風向によっては強い風が沖から海岸に向かって吹くことで生じる吹き寄せ効果がある。

*伊勢湾台風
1959（昭和34）年9月26日に紀伊半島に上陸した台風15号によって、明治以降の台風災害として最多の死者・行方不明者数5098名に及ぶ被害がでた。被害者の約8割は観測史上最大3・55mもの高潮の発生によって、愛知・三重の両県に集中した。これ以降その後の高潮対策が大きく進展、「災害対策基本法」制定のきっかけとなるなど、日本の防災対策の原点となった。

3.3 建物等への被害 ―浸水深、流速、浸食

日本では古文書などの資料にも、建物被害の記録は残されています。建物の構造や材料などの違いは考慮しなければなりませんが、現在と過去の比較ができる貴重な資料です。ただし、歴史的資料には、一軒一軒が詳細に記述されてはいないので、集落での被災率と代表的な浸水深*などとの比較から推定されました。

これらをまとめると、木造家屋では浸水深の程度により破壊の様子が変化する傾向が見られました（図3・6）。床上0.5～1.0m程度になると被害が生じ始め、天井から上になると大きな被害になります。木造家屋は軽いので浸水するだけで浮力により、建物が移動し始めて破壊されることもありますので、基礎との接合が大切になります。また、住宅の基礎部分が強い流れに浸食され、破壊に至るケースもあります。近年では、船舶などの漂流物が津波により運ばれ、破壊力を増して被害を大きくするケースが増えてきました。そうすると、津波波高《つなみはこう》*（浸水深の場合もあり）による分類（58ページ表3・1参照）、誘因に流速も入れた基準が必要となるでしょう。この流速に着目して検討され始めているのが、家屋の破壊

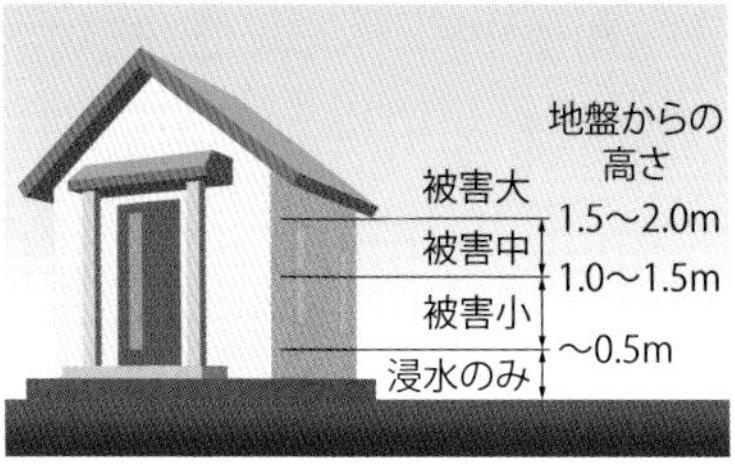

図3.6 津波の浸水深と木造家屋の被害程度

*浸水深
浸水深が深いほど水害による被害も大きくなる傾向にある。
〈浸水深と高さの関係〉
0～0.5m
床下浸水（大人の膝までつかる）
0.5～1.0m
床上浸水（大人の腰までつかる）
1.0～2.0m
1階の軒下まで浸水する
2.0～5.0m
2階の軒下まで浸水する
5.0m～
2階の屋根以上が浸水する
（出典：国土交通省「川の震災情報」より）

*津波高と波高、浸水深
津波がない場合の潮位（平常の潮位）から津波によって海面が上昇したその高さを津波高。波高は波の山から谷までの高さを、浸水深は地面から水面までの高さ（深さ）を示す。

基準（表3・2）です。

　東日本大震災の被災地では、現在も復旧・復興が進んでいて、当時の住宅などの被災状況の記録は写真や映像で知ることができます。仙台市は2019年8月2日、荒浜小学校校舎の近くにある「仙台市荒浜地区住宅基礎」を震災遺構*（図3・7）として公開しました。沿岸部に最も近い、鎮魂のモニュメント「荒浜記憶の鐘」（図3・8）に隣接するエリアになります。荒浜地区の中で南北に走る県道10号の東側エリアは「災害危険区域*」に指定され、居住が制限されています。荒浜地区の住民たちは内陸部に移り住むことを余儀なくされましたが、校舎だけでなく荒浜地区に残された住宅基礎群を併せて保存することにより、震災遺構の価値はより一層高まっていくのではないでしょうか。

　津波によって被害を受けた6戸の住宅や浸食された地形を、ありのままの姿でご覧いただくために、できるだけ手を加えない保存・活用を行っています。エリア内に見学用の通路を設置し、支障なく移動ができ間近でじっくり見学ができます。津波の脅威や、失われ

表3.2　家屋の破壊基準（限界）

家屋の種類	津波高	流　速
鉄筋コンクリート造	16m以上　全面破壊	10 m/s 以上
コンクリート・ブロック造	8m以上　全面破壊	10 m/s 程度
木造	1m 部分的破壊（被害小） 2m以上	4 m/s 程度

＊震災遺構
震災によって壊れた建物など、被災の記憶や教訓を後世に伝える構造物や施設。

＊災害危険区域
津波、高潮、洪水などの災害に備えて、住宅や福祉施設といった居住用建築物の新築・増改築を制限する区域。建築基準法第39条に基づいて、各地方自治体の条例で定められる。大規模災害が起きた被災地に指定し、区域内の建築物を制限や禁止することで災害による被害を予防することを目的としている。

津波により被害を受けた住宅基礎をそのまま保存。

写真や証言を掲載した説明看板が設置されている。

図 3.7　震災遺構「仙台市荒浜地区住宅基礎」(2 枚とも撮影：著者)

たかつての荒浜の暮らしの様子、被災後の状況などを伝えるために、写真や証言などを掲載した説明看板も設置されています。監修に、私も携わらせていただきました。荒浜小学校とともに、この住宅基礎遺構をご覧いただくことで、津波の恐ろしさだけでなく、そこにあった人々の暮らしや地域の記憶、震災の経験や教訓をより深く感じていただけるのではないかと期待しています。

　被災した場所に、かつて使われていた学校や住宅基礎などを震災遺構として保存することは、津波の脅威や震災の記憶を伝えるだけではなく地域の記憶、ここにあった人々の暮らしを伝えるという大きな役割を持ちます。

図 3.8　鎮魂のモニュメント「荒浜記憶の鐘」
(撮影：著者)

3.4 津波による流体力と漂流物

海洋国である日本は、海域や臨海域での活動も盛んに営まれています。海上では、貨物船・作業船・漁船などが行き交い、沿岸には養殖いかだ、また港には大小たくさんの船舶が係留され、陸をみると資材、コンテナ、駐車された車など様々なものが存在しています。

津波は浅い海域に入ると波高も流速も増加します。このとき、流体力と呼ばれる流れによる移動、さらには破壊する力が作用します。そして、津波とともに様々な漂流物が流れ込みます。破壊された住宅・工場、養殖などの網・浮き、車、コンテナなど多様です（図3・9、図3・10）。流れに乗った漂流物が衝突するときの破壊力は、単に水が流れてきたときよりも大きくなることは容易に想像できるでしょう。海岸線での建物が破壊され、その一部（破片）がさらに新たな漂流物になり、背後の施設に大きなダメージを与えるのです。

この漂流物は、災害の復旧や復興の際にも影響を与えます。沿岸での道路や鉄道などの交通機関、さらに港などの物流拠点、臨海域にはエネルギー基地などもあり、そこに残された漂流物は、作業に大きな支障をきたすことになりました。特に、港の再開のためには、陸上部での撤去だけでなく、海に沈んだ漂流物の残骸も除去しなければなりません。

図 3.9　気仙沼市向洋高校周辺での漂流物
（撮影：著者）

図 3.10　気仙沼市港地区での漂流物
（撮影：著者）

3.5 越流による被害 ―裏側の洗掘

三陸海岸などの津波常襲地域では、過去の災害経験から海岸線に防潮堤などの施設がある程度整備されていて、東日本大震災の際にもある一定の役割を果たしたと考えられています。もし、これらの施設がなければ、沿岸地域はさらに甚大な被害を受けたことでしょう。

表 3.3　レベル１とレベル２の津波対策

	津波の発生頻度	考え方
レベル１ （防災レベル）	数十年から百数十年に１回 （最大クラスの津波に比べて発生頻度は高く、大きな被害をもたらす津波）	・人命を守る ・財産を守る ・経済活動の継続と安定 ・港湾施設が被災しないための海岸保全施設等の整備、粘り強い構造物の利用（ハード対策）
レベル２ （減災レベル）	数百年から千年に１回 （発生頻度は極めて低いものの、発生すれば甚大な被害をもたらす最大クラスの津波）	・人命を守ることを最優先とした避難 ・経済的な損失の軽減 ・二次災害の防止 ・早期復旧 ・ハード対策に加えて、ハザードマップの整備や避難路の確保など避難最優先のソフト対策を講じた多重防御

（出典：国土交通省ホームページより作成）

今後もこれらの施設は必要ですが、今回のような想定外の巨大津波を防ぐには高さの限界があり、一定の基準をもって考えなければなりません。これが国の定めた「レベル1とレベル2の津波対策」（表3・3）の考えです。

どの程度の津波を対象とするかは大いに議論はありましたが、日本の太平洋沖で発生している代表的な周期と規模を考え、100年程度に1回発生する津波に対しては命だけでなく地域そのものを守るために、施設を整備していこうという方針が出されました。なお、整備計画においては、住民や関係者とでどのように議論して合意を得ていくのかが重要とされました。

レベル1を超えた津波の場合には、防潮堤などの防災・減災の施設を越流してきます（図3・11）。施設の背後に回っ

図 3.11　防潮堤を越流する津波

（出典：岩手県野田村）

—皆様の声をお聞かせください—

成山堂書店の出版物をご購読いただき、ありがとうございました。今後もお役にたてる出版物を発行するために、読者の皆様のお声をぜひお聞かせください。

代表取締役社長
小 川 典 子

本書のタイトル（お手数ですがご記入下さい）

■ 本書のお気づきの点や、ご感想をお書きください。

■ 今後、成山堂書店に出版を望む本を、具体的に教えてください。

こんな本が欲しい！（理由・用途など）

■ 小社の広告・宣伝物・ウェブサイト等に、上記の内容を掲載させていただいてもよろしいでしょうか？（個人名・住所は掲載いたしません）

はい ・ いいえ

ご協力ありがとうございました。

（お知らせいただきました個人情報は、小社企画・宣伝資料としての利用以外には使用しません。25.4）

郵便はがき

料金受取人払郵便

新宿局承認

155

差出有効期間
2021年2月
28日まで

1608792

195

（受取人）

東京都新宿区南元町４の５１
（成山堂ビル）

㈱成山堂書店　行

お名前	年　齢　　歳 ご職業
ご住所（お送先）（〒　　－　　） 1．自　宅 2．勤務先・学校	
お勤め先（学生の方は学校名）	所属部署（学生の方は専攻部門）
本書をどのようにしてお知りになりましたか A. 書店で実物を見て　B. 広告を見て（掲載紙名　　） C. 小社からのＤＭ　D. 小社ウェブサイト　E. その他（　　）	
お買い上げ書店名 市　　町　　書店	
本書のご利用目的は何ですか A. 教科書・業務参考書として　B. 趣味　C. その他（　　）	
よく読む 新　聞	よく読む 雑　誌
E-mail（メールマガジン配信希望の方） @	
図書目録　送付希望　・　不　要	

た津波は加速し、その基礎部分に強い力を作用させ背面を浸食するなどして、施設を崩壊させた事例もありました。このようになると、もはや後続する津波を止めることができなくなります。

東日本大震災は、河川堤防にも甚大な被害をもたらしました（図3・12）。名取川（宮城県名取市）、阿武隈川（宮城県亘理町）の河口部堤防は、津波の猛威により越流し、河川上流部でも地震により堤防の亀裂や崩落、液状化にともなった沈下などが発生しました。そこで復旧に当たっては、防潮堤背後を強化し越流しても破壊されないような「粘り強い」構造が採用されました（図3・13）。

特に河川堤防は、越流に対して弱い構造になっているので、東日本大震災では、堤防全体が破壊されてしまうことによって、津波の水が勢いを増して集落へ流れこみ大きな被災につながったと言えます。

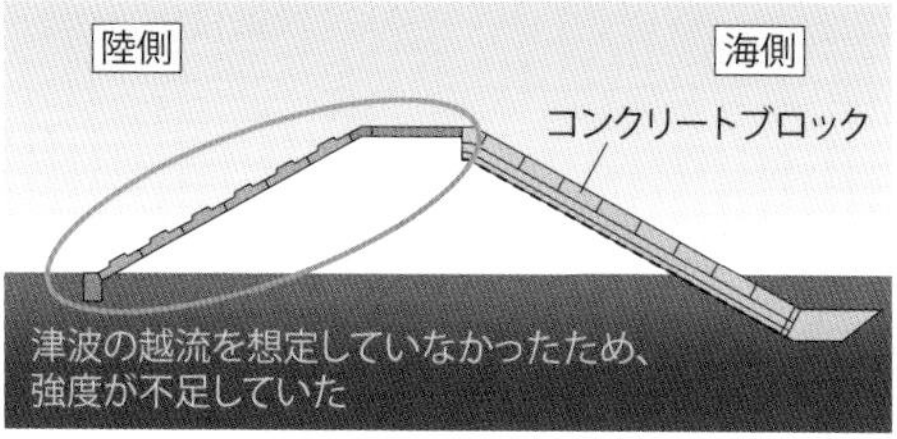

現在は防潮堤背後を強化し、越流しても破壊されないような「粘り強い」構造が採用されています。

図3.13　従来の堤防
（出典：東北地方整備局ホームページより作成）

名取川、阿武隈川の河口部堤防は、津波の猛威により浸食され流失しました。上流部でも地震により堤防の亀裂や崩落、液状化にともなった沈下が発生しました。

図3.12　浸食され流出した阿武隈川右岸堤防（宮城県亘理町）（出典：東北地方整備局）

3.6 河口部での被害

沿岸部に到達した津波は、まずは河口部から浸入してきます。通常、ここには砂州《さす》などが形成され洪水のたびにその形状が変化しています。東日本大震災の際にも、強い流れにより砂州が崩壊し、津波のさらなる浸入を許しています。ここでは、名取川と阿武隈川の事例を紹介します。

① 名取川河口部閖上《ゆりあげ》地区（宮城県名取市）の被災状況

家屋が密集していた名取市閖上地区では、河

図 3.14　名取川河口部閖上地区での状況

（出典：東北地方整備局）

口部周辺に位置していることもあり、津波の襲来によって河川堤防の被害に留まらず、市街地にも甚大な被害を及ぼしました。（図3・14）

②阿武隈川河口部荒浜地区（宮城県亘理町）の被災状況

阿武隈川河口部右岸の堤防は、津波によって約3000mにわたり被災しました。越流した津波により、堤防背後も大きく破壊していることが分かります。（図3・15）

3.7 蛇行部での被害

通常の河川は蛇行しながら河口部に向かって流れています。上流から豪雨などのために、河川流量が増すと蛇行部または湾曲部で流れが曲げられて遠心力が加

図3.15　阿武隈川河口部荒浜地区の被災状況
（出典：東北地方整備局）

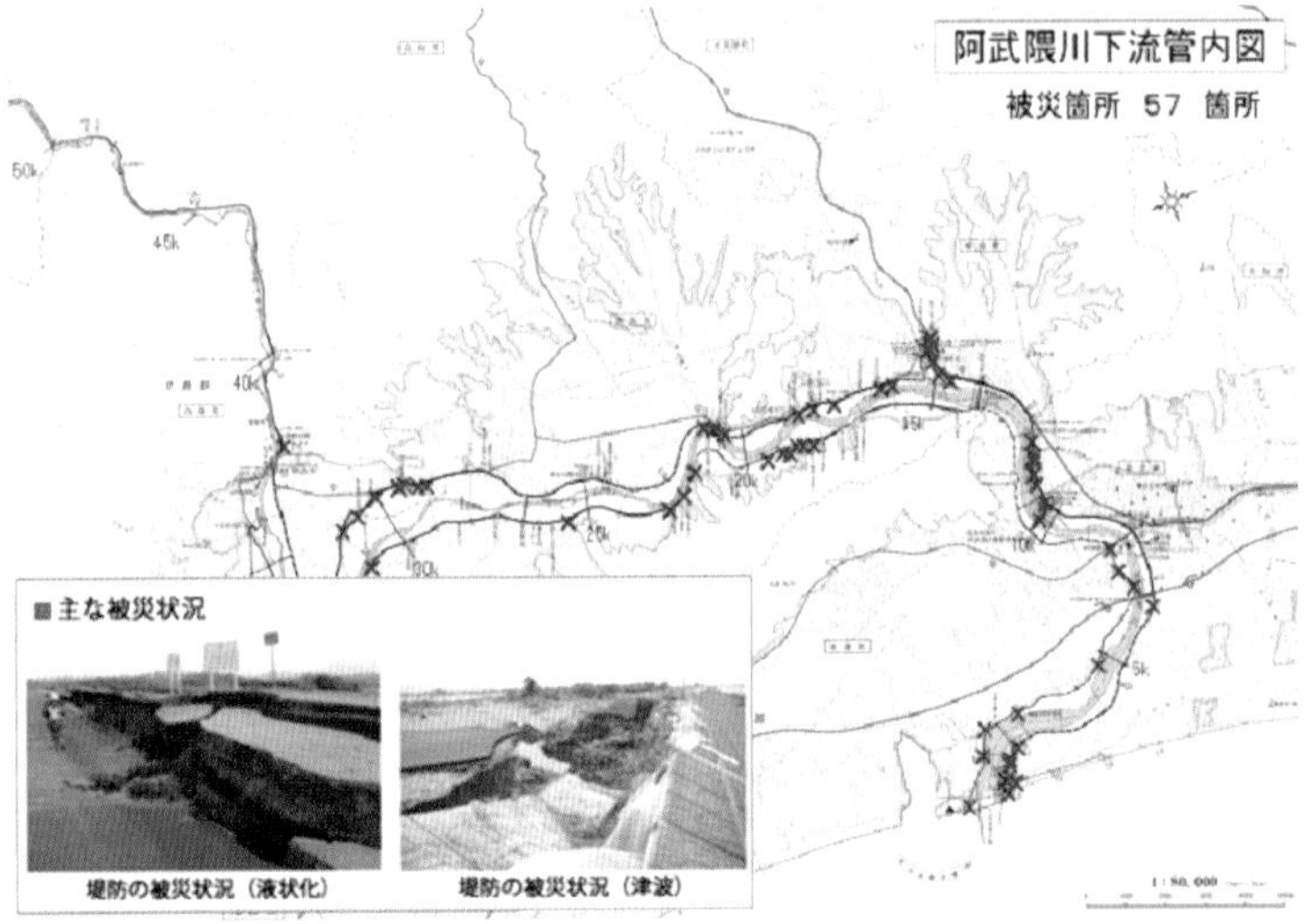

河口部では津波によって堤防の浸食や決壊などが、上流部では堤防の天端や法面に亀裂や崩落、液状化による地盤沈下等が発生しました。特に蛇行部でその傾向が大きいことが分かります。

図 3.16 阿武隈川における被災状況（出典：東北地方整備局）

わり、加速します。ここでは、二次流《にじりゅう》*と呼ばれる流れも発生し、堤防の洗掘や決壊などを起こします。津波の場合も同様で、蛇行部、湾曲部で多くの被害が見られます（図3・16）。上流部では津波だけでなく、地震動による被害箇所も多く報告されています。

*二次流
水路が曲がったときに遠心力（向心力）によって水路の外側と内側に圧力差が生じてできる、主流とは違う２つ目の流れ。

3.8 複合災害と連鎖
―女川町での事例

自然災害は単独の災害であることも多くありますが、過去の日本の災害を振り返るといくつもの災害が

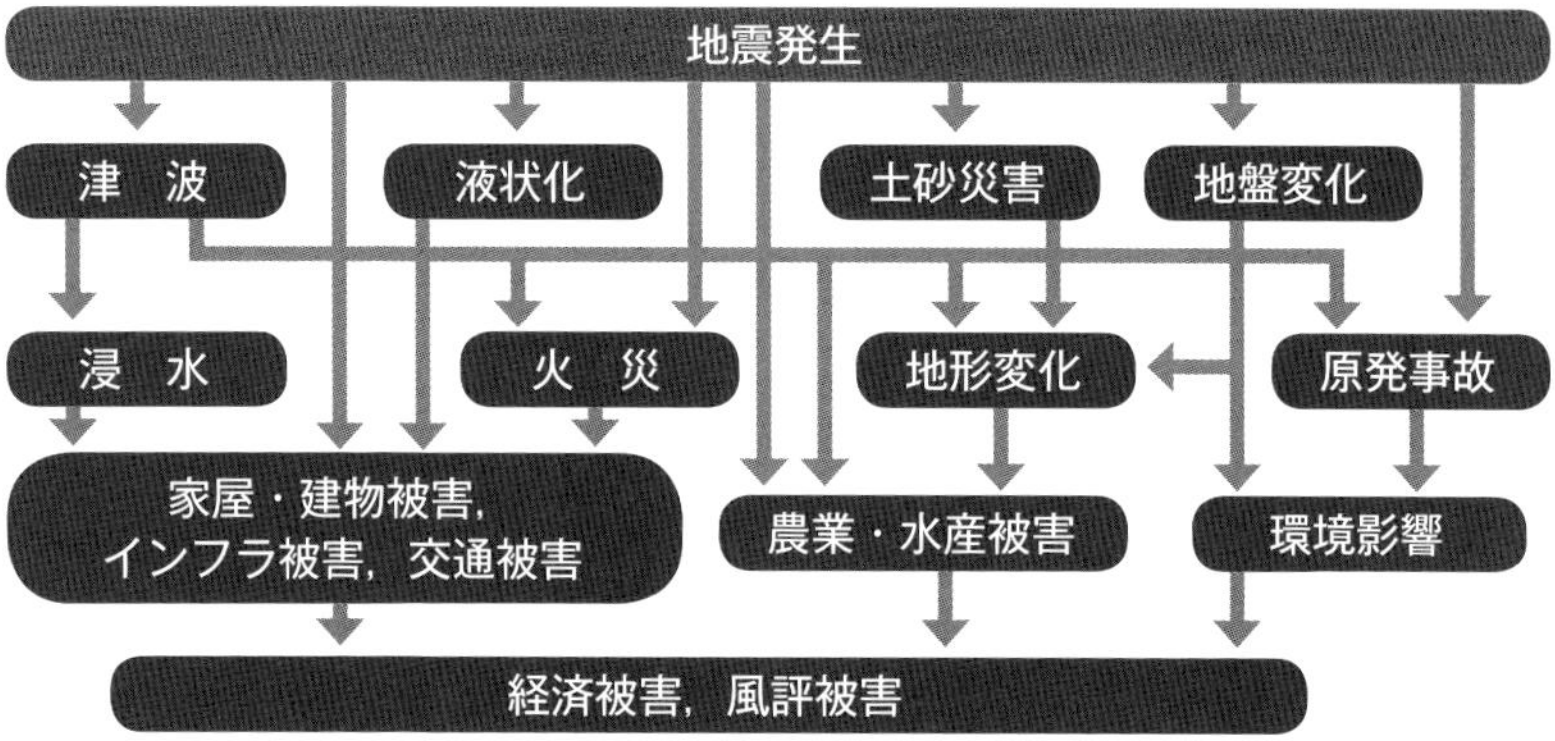

図 3.17　複合災害の概念図

同時に発生する複合災害*も多発しています。まさに、東日本大震災のときには、まずM9レベルの大きな地震が発生し地滑りや液状化を伴い、次に巨大な津波が生じて、同時に火災も引き起こし、沿岸では、福島第一原子力発電所の事故も発生しました。このように地震だけでなく、津波や原子力発電所の事故など複数の災害が発生したことになります（図3・17）。

　宮城県女川町で被災した建物では、建物基礎であるパイプなどが破断し、強い揺れや液状化、津波による流体力が複合的に作用し転倒したと考えられます（図3・18）。さらに津波によって火災が発生し、ガスボンベや自動車なども流され、漂流物となっていました（図3・19）。

　単独の災害だけでも対応は難しいですが、このように複数の災害が発生する複合災害となると、それだけ災害対応を行う際の難易度

＊複合災害
2つ以上の災害がほぼ同時期、または復旧中に発生し、被害の拡大・長期化、深刻化を招く。
〈近年の複合災害例〉
①2004年新潟県中越地震：台風（豪雨）・地震・豪雪
②2016年熊本地震：地震・土砂崩れ
③2018年北海道胆振（いぶり）東部地震：豪雨と地震・土砂崩壊

＊熊本地震
2016（平成28）年4月14日21時26分、熊本県熊本地方でM6・5の地震が発生し、熊本県益城町で震度7を観測。その約28時間後の4月16日1時25分、同じ熊本県熊本地方でM7・3の地震が発生し、熊本県西原村と熊本県益城町で再び震度7を観測した。2日間のうちに同一観測点で2度も震度7が観測されたのは、気象庁の観測史上初。

も高まります。また、複合災害は、一つの災害がきっかけとなり次の災害を引き起こすという連鎖がありますので、拡大しないようにその関係を事前に把握しておくことが大切です。

今、何が起きて、今後どのようなことが続けて起きる可能性があるのか？ 今、何が必要なのかの検討が求められています。防災計画を立てる際には、最悪の自体も想定しておきながら、いざ複合災害が発生したら、いつ、どのように行動すれば良いのかいくつかのシナリオを作成しながら考えておくことが大切です。

図 3.18 宮城県女川町の被災した建物 （撮影：著者）

図 3.19 漂流した自動車やガスボンベ
（出典：東北地方整備局震災伝承館より）

＊北海道胆振東部地震
2018（平成30）年9月6日3時7分に胆振地方中東部を震源とするM6.7の地震が発生し。北海道厚真町で震度7、安平町、むかわ町で震度6強を観測。死者41名、負傷者691名、住家全壊394棟、住家半壊1016棟などの被害が発生。

＊東北地方整備局震災伝承館
〝津波石〟を残した先祖たちのように同じ悲劇を繰り返さないことを願い、東日本大震災の記録と教訓を活かすため、2013年3月に国土交通省東北地方整備局が開設したウェブサイト。被災した市町村から提供された1万点に及ぶ画像・動画が公開されている。

＊津波石
大規模な津波によって、海底や海岸から内陸にまで運ばれたり、陸に打ち上げられた岩石。その石に文字等を彫ることによって津波が到達したことを記す石碑ともしている。

第4章 津波の観測と予測

4.1 予報・予測の重要性

実際に発生した津波を観測し、その情報を警報などに活用することは非常に大切です。この観測技術は、海域での波浪《はろう》や潮汐《ちょうせき》などと併用され整備されてきましたが、最近は津波専用のシステムも導入されています。様々な要因により発生しているのでいち早く津波の実態を把握して、避難などの対応を促すことがますます重要になります。

観測方法としては、海面のフロート（浮標）を計測する、変化に応じた水圧力を計測する、超音波で海面の位置を把握するなどがあります。さらには、GPSやGNSS＊で位置を計測できるようにもなっています。また、設置の位置（場所）に応じて現在の津波観測は次のような3種類に分類できます。

① 沿岸部での潮位計や波浪計
② 少し沖合いでのGPS波浪計設置波浪計
③ 沖合い海溝付近での海底津波計

特に、津波予報のためにはいち早く正確に観測し、その情報が第一報（速報）として出され、さらに修正（改善）に結びつけられることが大切ですので、③→②→①の順番で重要となります。

＊GPSとGNSS
Global Positioning System：アメリカの軍事技術からの転用された衛星測位システム。GNSSの一つ。
Global Navigation Satellite System：人工衛星によって地上の現在位置を決定する衛星測位システム。

海底ケーブル敷設船「KPL」

海底への設置作業

海底ケーブルに接続された地震・津波観測センサー

図 4.1　S-net（日本海溝海底地震津波観測網）を支える日本の技術
（提供：３枚とも防災科学技術研究所）

地震と津波の発生を早期に検知できれば、震源や波源（津波の発生源）を推定する精度が向上し、迅速で信頼性の高い津波の予測を行うことが可能になります。さらに、確実な観測データや津波予測で推定される陸上での浸水範囲が分かれば、避難行動を早く促し、道路規制などの防災対策にも役立てられます。

千葉県房総沖から北海道釧路沖の日本海溝までの２０００㎞の海域には、１５０個の地震・津波計を付けた海底ケーブル（約５７００㎞）が蛇行しながら敷設されています。これはS-net（日本海溝海底地震津波観測網）＊と呼ばれる観測システムで、６か所ある陸上局でデータを収集します。現在の観測システムより、

＊ S-net（日本海溝海底地震津波観測網）
地震計と水圧計が一体となった観測装置を海底ケーブルで接続し、これを日本海溝から千島海溝海域に至る東日本太平洋沖に設置し、リアルタイムに２４時間連続で観測データを取得する観測システム。
Seafloor Observation Network for Earthquakes and Tsunamis along the Japan Trench

海域の地震動を最大で30秒、津波発生を20分ほど早く検知でき、高密度な観測データとして、正確な震源や波源の推定に役立てられると期待されています。いずれも地下に埋設したヒューム管*に通し、海岸から約1㎞離れた観測拠点に接続されています。海底ケーブル（光ファイバー）の設置には、全国で2隻しかない特殊船（敷設船《ふせつせん》）が使われています。（図4・1）

*ヒューム管
遠心力を利用して固めた鉄筋コンクリート管

4.2 数値シミュレーションによる津波予測

私たちが津波から身を守るためには、津波がいつどこにやってくるのかを事前に知ることが重要となります。このような津波の予測を防災情報として知る手段としては、先ほどの観測・監視に加えて、コンピュータを利用した数値シミュレーションがあります。

ここでは科学技術としての津波予測の方法と、その予測結果が津波防災にどのように利用されているのか、その現状を紹介します。

コンピュータによる津波の数値シミュレーションは、海洋や陸地をコンピュータ上で仮想的に作成し、その領域内において津波の一連の動きを流体運動の方程式を使って計算することで行います。具体的な手順は次の通りです。

まず、地震が発生することに伴う海底地盤の隆起・沈降を計算します。この海底地盤の変動量をそのまま海面の押し上げ・引き下げとし、これが津波の発生源となります。次に、津波の外洋から沿岸までの伝わり（伝播）、そして陸地へのはい上がり（遡上）を計算します。計算として最も一般的なのは、海洋と陸地を網目状の格子に分割し、その格子一つ一つにおいて得られているデータを出発点とし、そこから少し時間が経過したときの津波の高さや流れの速さなどが、どう変化するかを計算する方法です。さらにその得られたデータをもとにして、また少し時間が経過したときの高さや流れを繰り返し計算します。この計算により地震発生から沿岸への津波の到達時刻や沿岸での津波の高さ、陸上での浸水範囲などの情報を得ることができます。

なお、ここで述べた津波の数値計算技術は日本（東北大学）で開発されたものであり、これらはTIME(Tsunami Inundation Modeling Exchange)プロジェクト*の中で世界中に技術移転され、今日では各国の津波防災に役立てられています。（図4・2）

津波解析コード＊を世界７か国以上に技術移転しているTIME (Tsunami Inundation Modeling Exchange) プロジェクト。

図4.2　TIMEプロジェクトのシンボルマーク

＊TIME(Tsunami Inundation Modeling Exchange)プロジェクト
工学的な立場から津波を研究する世界で唯一の研究機関である東北大学津波工学研究室が取り組む、津波の解析技術を世界の津波被害が予想される国々へ技術移転することを目的とする研究プロジェクト。

＊津波解析コード
津波の発生、伝播および遡上を数値解析する計算機解析コード。地形データや断層情報を入力すれば津波の再現、予測ができる。

4.3 予測結果の利用

津波防災における数値シミュレーションの利用方法は、大きく2つに分けることができます。一つは地震発生直後に津波の来襲状況をリアルタイムで予測する津波予報であり、もう一つは将来に発生する可能性のある津波災害を事前に予測する被害想定です。

前者として、気象庁では1999年より数値シミュレーションを利用した量的津波予報を行っています（図4・3）。これは、あらかじめ様々な地震の震源位置と規模を想定して約10万通りに及ぶ津波の数値シミュレーションを行い、結果をデータベース化しておきます。そして地震発生時の震源情報より最適なケースをデータベースから抽出し、地震発生から2、3分で到達時刻や津波の高さなど具体的な数値（図4・4）を割りだすことができるのです。

一方後者では、国や地方自治体が津波の浸水予測シミュレーションを実施しており、津波浸水深の分布や浸水するまでの時間などを公表しています。数値シミュレーションの結果は、避難場所の位置や避難場所までの経路を示したハザードマップとして活用され、住民や行政の防災担当者による津波対策に役立てられています。

これまで述べたように、津波予測に数値計算技術を利用することで防災対策に活用できるようになりましたが、今後、津波のリアルタイム予測の精度はより向上すると考えられます。近年のスーパーコンピューターなど計算機の劇的な発達によ

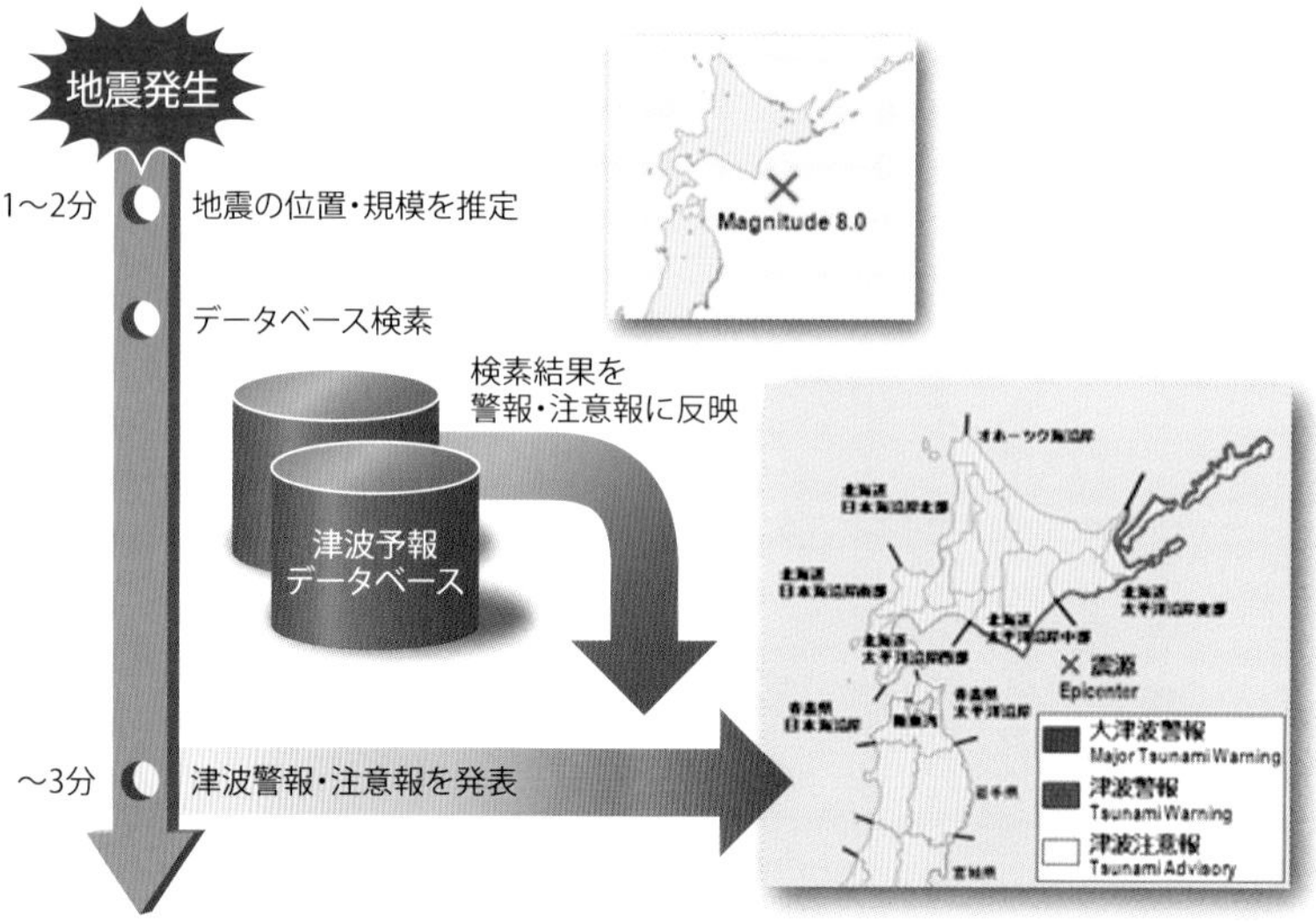

地震発生時には、このデータベースから発生した地震の位置や規模などに対応する予測結果を即座に検索、沿岸に対する津波警報・注意報の迅速な発表を実現しています。

図 4.3　気象庁の津波予報データベースを用いた津波警報システム
（出典：気象庁ホームページより作成）

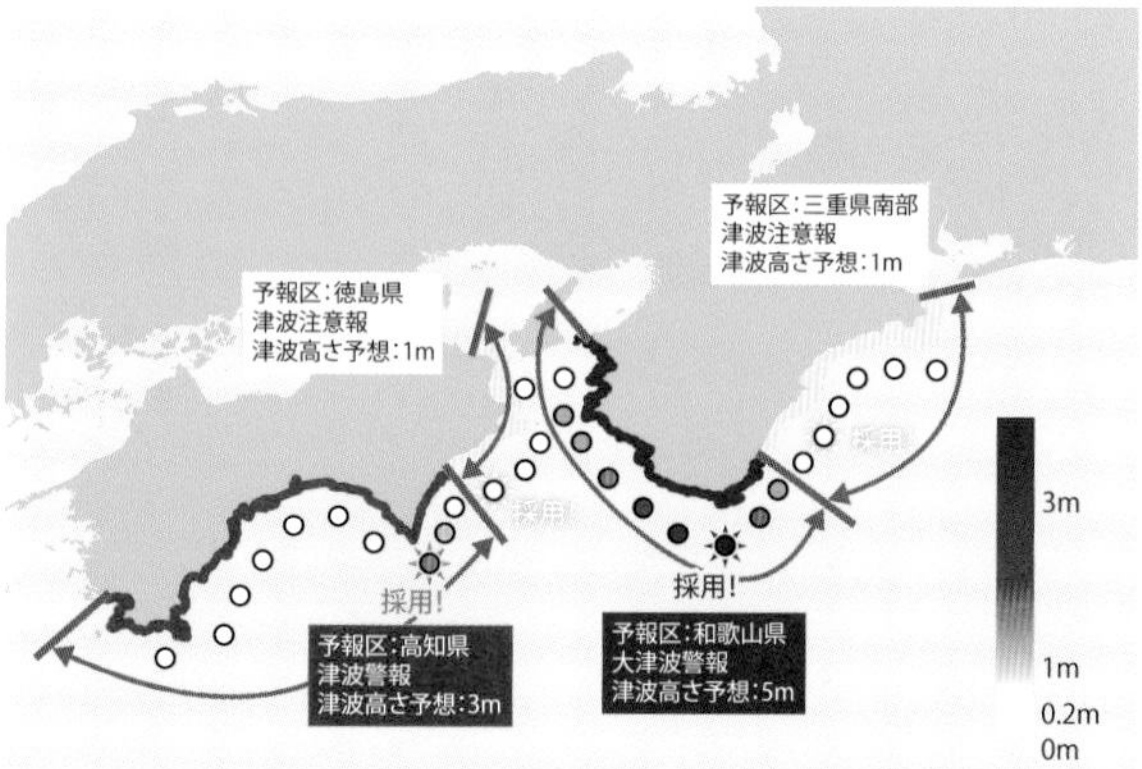

各予報区内の予測点において、沿岸の高さに換算した値を比較し、一番高いものを予測値として採用します。

図 4.4　予報区における津波の高さの表示（出典：気象庁ホームページより作成）

り、数値シミュレーションが完了するまでの時間はより短くなっています。したがって、従来のデータベースによる津波予測だけではなく、GPS波浪計など沖合での津波観測技術を利用することによって津波の発生域を即座に決定し、津波が沿岸に到達するまでに数値シミュレーションを完了させ、より正確な予測として修正を加えた第二報を発信するようなリアルタイム予警報システムの開発が期待できます。

そして、揺れの小さいわりには大きな津波を発生させる地震（津波地震）についても予報が可能になるかもしれません。さらに被害想定においては数m程度の格子で地形を表現した詳細な計算ができるようになるため、臨海都市域などの入り組んだ市街地での局所的な浸水予測が容易になるとも考えられます。

一方で、堤防などの沿岸構造物（施設）にはたらく津波の波力の推定や瓦礫などの漂流物の予測については、流体計算の発展のみでは解決しない物理現象の問題も多く存在するため、今後の科学技術の発展が待たれるところです。

4.4 南海トラフ巨大地震津波で想定される脅威

今後、日本で最も大きな災害になると考えられているのが、南海トラフ沿いの地震および津波であり、様々な想定の下に対応や対策が検討されています。

南海トラフ*で最大クラスの地震が発生した場合、従来の三連動地震*よりも広域で大きな津波が発生する可能性があります（図4・5）。高知市街地へ浸入すると想定される海側から入ってきた津波は、河川を通じて陸上に遡上を始めます（発生から57分後）。さらに、回り込んだ河川より逆向きの方向からも市街地へ浸入を始める津波（発生から1時間44分後）も確認できます（図4・6）。

２０１６（平成28）年には、南海トラフ沿いの地震観測・評価に基づく防災対応検討ワーキンググループが立ち上げられ、地震に関連した地殻変動等の観測データとその評価に基づき、大地震発生前にどのような防災対応を実施すべきであるのかを検討しています。すでに同年９月９日の第１回から、第６回の２０１７（平成29）年７月３日まで開催されています。

先日、以下の典型的な４つのケースを想定し、現在の科学的知見をもって評価できる内容について検証されていますので紹介します。

（ケース１）南海トラフの東側領域（78ページ図4・4参照）で大規模地震が発生し、西側領域でも大規模地震の発生が懸念される場合

→西側領域の大規模地震の発生は、その規模や発生時期等について確度の高い予測は困難であるが、発生可能性については定量的な評価が可能であり、統計的な経験式に基づく確率は東側領域の大規模地震の発生から3日以内に10％程度、4日から7日以内に2％程度。

（ケース２）大規模地震と比べて一回り小さい規模の地震が発生し、より大規模

＊南海トラフ
東海地方から紀伊半島、四国にかけての南方の沖合１００ｋｍにある水深４０００ｍ級の深い海溝のこと。トラフは海溝よりは幅が広く浅い地形をいう。舟状海盆。フィリピン海プレートが日本列島の下に沈み込んでいる場所に相当する。

＊三連動地震
三つの隣接する震源域で大規模な地震が同時または短期間に連続して発生すること。現在、駿河湾から四国沖にかけての海底を震源域として、東海・東南海・南海地震が連動して起きる巨大地震も想定されている。

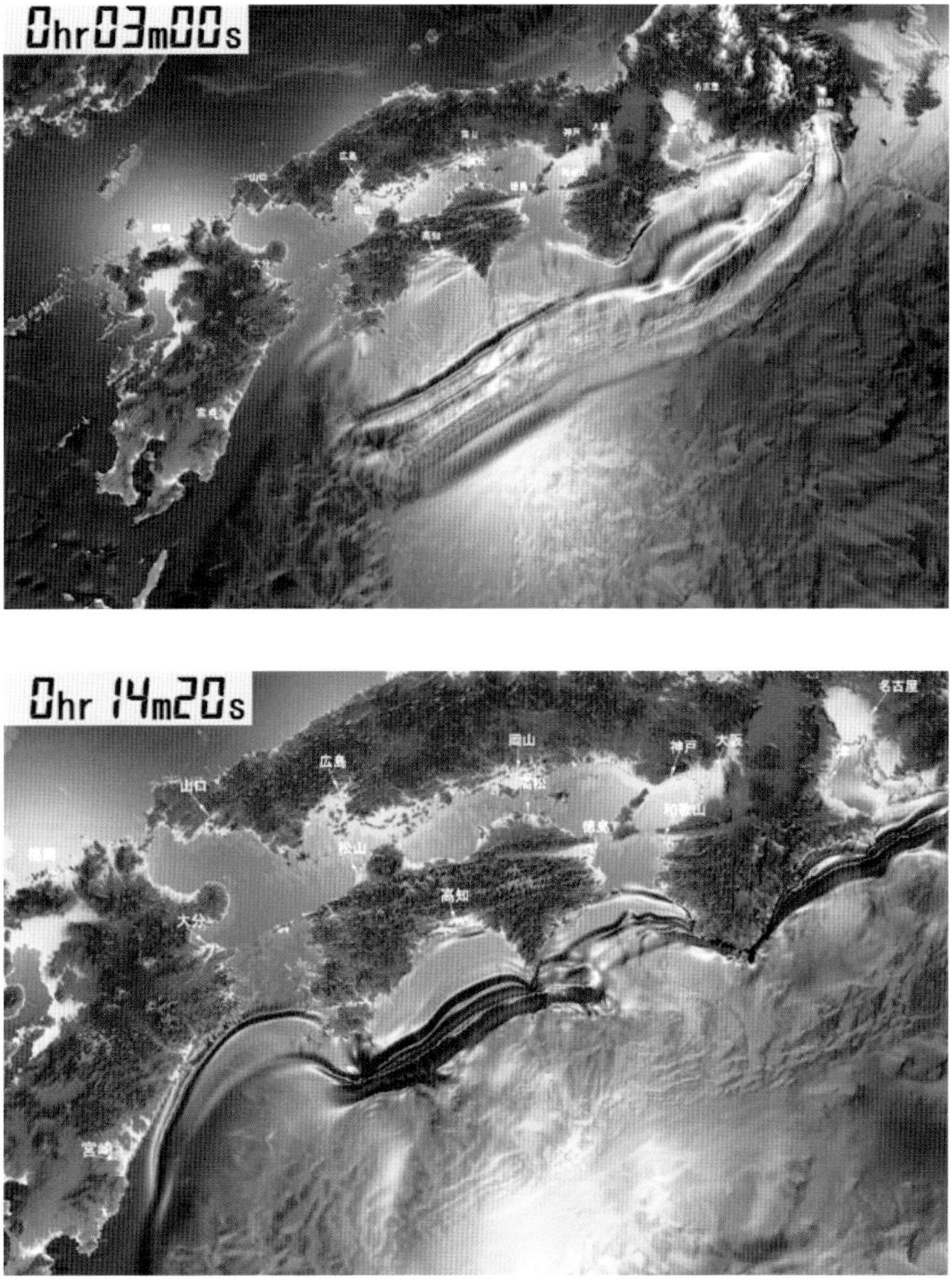

※左上の数値は発生後からの時間

図 4.5　南海トラフでの最大クラス地震が発生した際の津波伝播の様子（著者作成）

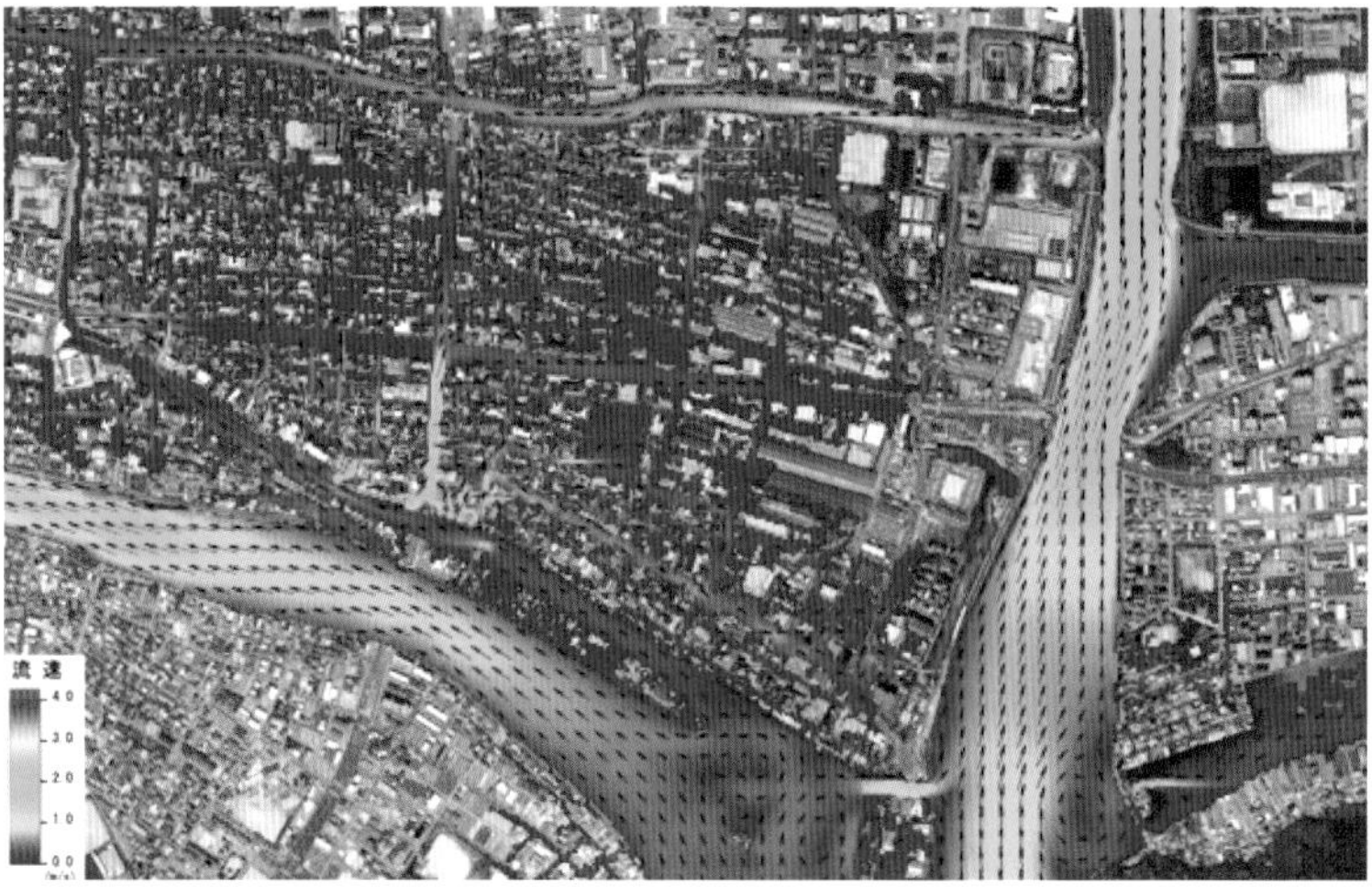

図 4.6　高知市の市街地へ浸入する津波（著者作成）

な地震の発生が懸念される場合
→より大規模な地震の発生は、その規模や発生時期等について確度の高い予測は困難であるが、発生の可能性については定量的な評価が可能であり、統計的な経験式に基づく確率は、最初の対象地震の発生から7日以内に2％程度。

（ケース3） 2011（平成23）年東北地方太平洋沖地震に先行して観測された現象と同様の現象が多項目で観測され、大規模地震の発生が懸念される場合
→長期的な観点から評価されるものが多く、大規模地震の発生につながるとは直ちに判断できない。

（ケース4） プレート境界面でのすべりが観測され、大規模地震の発生が懸念される場合
→現在の科学的知見からは、地震発生の危険性が相対的に高まっているといった評価はできるが、現時点において大規模地震の発生の可能性を定量的に評価する手法や基準はない。

4.5 陸上での浸水を予測する

津波の予測方法については、すでに75ページ「4・2 数値シミュレーションによ

る津波予測」で紹介しましたが、ここでは特に、陸上への浸水を予測する最新の方法について紹介します。

海と陸との地盤の高低差が大切になりますので、地盤データや海底地形データをきちんと入れるほかに、予測したいケースの海面位置（潮位であり満潮や干潮）、さらには河川を流れる流量などを設定しておく必要があります。次に大切なのが、河川域および海域、陸域での粗度係数*の設定です。これにより津波への抵抗の程度が変わってきますので、到達時間や浸水範囲、流速や波力が変化する場合もあります。河川域および海域における抵抗（粗度）は一般的な値（マニングの粗度係数0・025）とする場合が多く、陸上では建物などがあるためにその占有率と水位から求められる合成された等価な粗度係数が設定されます。

津波による被害としては、浸水することにより生じる場合のほか、流れや波力の作用により生じるものを紹介しました（58ページ表3・1）。波力は一般的には流れの2乗と浸水深に比例するといわれ、流れの影響の方が大きくなります。通常、流れは肉眼で確認することができないので、その記録や挙動について知られていない部分が多いのです。

流れや波力の予測をするためには、津波浸水の場合よりも増して、地形データや建物情報が大切になります（49ページ図2・15）。都市域での津波の縮流、合流の状況で示したように、都市域では流れが複雑になり、地形や建物により向きや大きさが大きく変化し、市街地での流れや波力を再現するには、非常に細かな格子サ

＊粗度係数
河川の水が河床や河岸などと触れる際の抵抗の程度を示した数値。

図 4.7　合成地形モデルの概念図（著者作成）

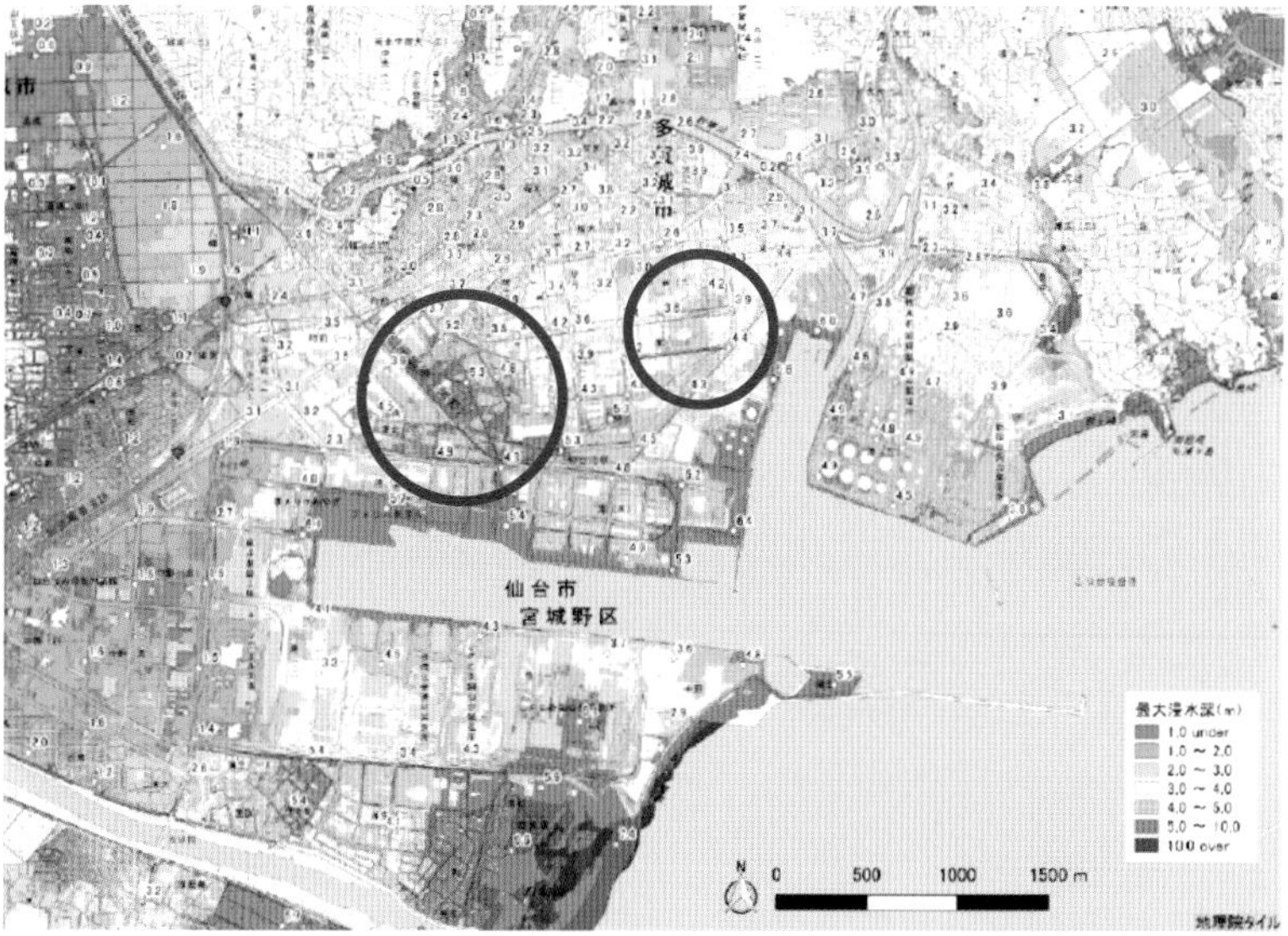

図 4.8　市街地（多賀城市）での浸水範囲と最大流速値の再現（著者作成）

イズを選択するか、合成地形モデルといって抵抗（粗度）を合わせるような近似的な方法などが工夫されています（図4・7）。これらにより東日本大震災での多賀城市における浸水範囲と最大流速値を再現しました（図4・8）。沿岸部だけでなく、市街中心部で大きな流速が出ていることがわかります。

4.6 土砂移動とその予測シミュレーション

津波による被害については、最大波高、流速、流体力に関連した人的・家屋被害を中心に研究が行われてきましたが、近年では、津波による思わぬ災害として土砂移動による事例も着目され研究を行っています。実際に土砂移動による地形変化や構造物基礎の洗掘およびそれによる崩壊などが報告されています。

一方で、津波調査では、津波の来襲後に数十cm程度の堆積層が確認され、津波の陸上部での動きの特徴（挙動特性）が推定されています。

東日本大震災での陸前高田市における津波の土砂移動を考慮した数値シミュレーションから、第一波押し波後の引き波を再現しました（図4・9）。強い引き波により土砂が大量に移動し、沿岸地形を大きく変化させました。特に砂州も無くなり大きく浸食したので、その後は津波も沿岸に入りやすくなり、湾の中央部には、巨大な渦が形成されています。個々に多くの土砂や漂流物などが補足されたと考えられます。

流れはベクトル（大きさと方向を持つ）であるために、局所的な地形によりその方向を大きく変えます。数値計算による予測や再現を考えた場合には、水位（大きさ）よりも計算格子間隔の違いによる誤差が大きくなることはこれまでに紹介しました。しかも、実際に津波の流れを計測・観測した例は少なく、数値計算の精度や再現性の検討が遅れているのです。

図 4.9　津波の土砂移動を考慮した数値シミュレーションの事例（陸前高田市）（著者作成）

第5章　津波からの防災・減災、そして身を守る〈対策編〉

5.1 津波に対する防災対策

東日本大震災で河川への遡上津波、いわゆる河川津波が大きな被害をもたらしたことから、関係機関が防災対策について検討するようになりました。

河川の堤防はもともと上流から下流へと流れていくことを前提に設計されており、遡上するという河川津波は想定されていないのが一般的です。そのために河川津波が発生すると被害が拡大するケースが多くなります。

そこで、この章では、河川津波も含めて防災対策について、ハードとソフトの対応として何が必要なのか？　どのように実践すればよいのかを紹介します。特に、津波避難は通常より難しく、「いつ」「どこに」「どうやって」逃げるのかを詳しく検討する必要があります。

5.2 安全に避難するまでのプロセス

津波は、地震などの現象発生からある程度の時間経過後に沿岸域へ来襲するので、その前に危険性を察知し安全な高台や建物に避難すれば、津波来襲から人命を助けられる災害です。地震などの発生直後から様々な情報を入手しリスクを認知して危険性を判断したうえで、避難行動という対応をいかに迅速かつ適切にできるかどうかで生死が分かれます。

過去の事例を見ていくと、安全かつ確実に人命を守るためには3つの段階を経ることが分かってきました。

①災害・危険情報の入手

何らかの避難行動を起こすためには情報が必要です。地震の揺れ，異常な海面変動や津波警報などが代表例であり，それらをまず入手し認知しなければなりません。短時間でどのような情報が入手可能であるか，その内容によって何を行う必要があるのかを整理することが重要です。

②危険認知と行動

単独の情報だけでは避難行動開始決定の判断材料としては十分でないことがあり、また、先入観や正常性バイアス*があると避難行動開始の判断ができない、もしくはしない場合が多くあります。避難行動は、いくつかの情報を整理しながら各自の意志決定過程で処理されて、避難行動開始の判断が下されます。このとき、津波警報などの公的情報よりも周辺の地域リーダーによる「声掛け」があると、その場での緊迫感が高まり個人間で信頼性の高い情報を得て、行動を起こす場合が多いと報告されています。

＊正常性バイアス
心理学用語であり災害心理学のうえでは、予期しない緊急事態（災害）に直面したときに、自分にとって都合の悪い情報を無視したり、「ありえない」という先入観から、状況を過小評価したりする人の特性のこと（正常化の偏見）。

③安全な避難

自宅など今いる場所からさまざまな経路を通じて安全な場所に移動することにより始めて危険を回避できます。重要なことは、それぞれの安全場所への移動途中で避難経路によっては、強い揺れで破損が生じ通行できない、また車の渋滞が発生して危険性があることも認識していなければなりません。特に河川沿いでは橋や堤防に沿った道路などが要注意です。そして、津波来襲前に避難が終了していることが肝心であり、津波来襲時間と避難所要時間の比較を事前に確認する必要があります。

津波は、予想した規模よりも大きくなる場合があり、当初の場所では安全が確保できなくなり、二次さらには三次避難が必要になります。地震発生直後に避難したにも関わらず、自己判断で避難を解除し自宅等に戻ってしまうケースもありました。行方がわからない親族の安否確認のために、自宅や職場に行った方もいます。東日本大震災では、まだ気温が低く、野外の避難場所や避難所に行った方も、厚着の洋服や暖を取るために、自宅に戻った方も少なからずいました。夏場であれば避難所では熱中症などの懸念があります。津波は繰り返し来襲するために長時間の避難も覚悟しなければならず、公の避難解除を受けるまでは、自分の判断で行動しないことも大切です。

①から③までそれぞれの過程で、様々な状況下の判断や行動があり、津波来襲時の生死を分けています。

コラム③　8つの生きる力 ―災害を生き抜くために必要な力とは？

突然発生する災害に対して、「どのように生き残り、さらに復旧・復興するまで生き抜くか」は、大変重要なテーマになります。東北大学災害科学国際研究所の杉浦元亮教授をリーダーに、東日本大震災後に１４００名の方にアンケートを実施して、災害から生き残った当時の状況や避難所・仮設住宅での生活、復旧・復興の経験など、８つの力を提示することにしました。災害科学・脳科学・心理学・認知科学・情報学を結集して、学際的に初めて明らかにされた重要な示唆になります。

８つの力は、①人をまとめる「リーダーシップ」、②問題に対応する「問題解決力」、③人を思いやる「愛他性」、④信念を貫く「頑固さ」、⑤きちんと生活する「エチケット」、⑥気持ちを整える「感情制御」、⑦人生を意味づける「自己超越力」、そして、⑧生活を充実させる力である「能動的健康」になります。

そこで8分野の質問を提示し、震災の際に取った行動や心身の健康状態を尋ね、どの分野との関連が深いか調べました。その結果、津波から素早く逃げた人は、自ら動いたり、何をすべきか迷ったときに選択肢を挙げて考える「問題解決力」があり、自分から人を集めて話し合うといった「リーダーシップ力」も高い傾向が判明しました。震災後も心が健康な人は、新しいことへの挑戦を心掛けたりストレス解消の習慣がある「生活を充実させる力」を備えていたようです。「感情を制御する力」や「問題解決力」も高かったと報告されています。

これらは災害時に限らず、日常時にも重要な「生きる力」ですので、ぜひ日頃から強化していきたいものです。

5.3 危険を知らせる情報 ―いかに危険性を察知できるか?

危険を知らせる情報としては、公的な情報である津波警報*が代表でしょう。地震(位置、マグニチュード)に加えて津波の予想到達時刻と津波波高(32ページ参照)がその内容となります。現在、日本の気象庁による津波予報は、地震発生後3分以内で発表できる体制をとっており、内容のみならず迅速性と信頼性では世界トップレベルの津波情報です。さらに、これらの情報は公的な防災無線だけでなく、テレビ・ラジオなどのメディア、公的ホームページ、エリアメール、自治体Facebook、twitterなどを通じて、地域・個人へ伝えられます。

このような津波警報システムが整備されていなかったため、被害拡大の大きな要因となったのが、2004年のスマトラ沖地震インド洋大津波(42ページ参照)です。インドネシアなど震源付近以外では、地震の揺れさえも感じられなかったので、津波警報が唯一の危険を知らせる事前情報でしたが、当時はその警報システムが無く、沿岸では突然の津波来襲を受けたことになりました。

一方で、公的機関である地方自治体が、防災無線など情報伝達システムを整備し情報提供していましたが、激震によりそのシステムのみならず多くの行政機能を失ったのが、2011年東日本大震災(40ページ参照)でした。また、最近では住宅の気密化や防音化により屋外の情報が聞こえにくいという環境のうえに、さらに防潮堤やビルなどが遮蔽物となり、同様の問題も生じていることが指摘されていま

*津波警報
地震発生時にその規模や位置を推定し、沿岸で予想される津波の高さを求め、地震発生後約3分を目標に気象庁が発表する警報、注意報の一つ。概略次の通り。
大津波警報:津波の高さが3mを超えると予想される場合。=特別警報。警報の発表基準をはるかに超え、重大な災害の起こるおそれが著しく高まっている場合。
津波警報:同1mを超え3m以下の場合。
津波注意報:同0.2m以上1m以下の場合で、津波による災害のおそれがある場合。

す。河川沿いの地域はこのような状況が起こりやすいと考えられます。

地震動や海域の異変、音や風など沿岸での津波の前兆現象なども津波に関する重要な情報となります。ただし、個人の判断で津波来襲の有無を決めることは困難です。それは地震の揺れ方は地盤などに影響されるので、地震の発生した場所が海なのか陸なのか、津波が発生する規模なのか、そうでないのかは揺れ方だけでは正確にわからないからです。

こうした中、1933（昭和8）年昭和三陸地震津波での地震の揺れに関する判断の事例は興味深いものがあります。1896（明治29）年明治三陸地震津波は、ゆっくりと長い揺れの後に大津波が来襲しました。この当時の記憶を持っていた人々は、昭和地震のときには強い揺れを感じたために、逆に大きな津波は来ないであろうと判断したそうです。この例では、地域に伝わっている、または個人が持っている先入観が避難行動を遅らせていました。

津波来襲前の海の異変は様々ありますが、これを認知できる段階では津波は目前に迫っているために、とっさの判断が要求されます。インド洋大津波において、津波警報がない中でも津波の来襲を察知して、周りの人々の命を助けた事例もあります。

タイ・プーケット島で多くの人々を津波の被害から救ったイギリス人少女の話を、同じようなスリランカの仏教徒の話と併せて、次のコラムで詳しく紹介します。

コラム④ インド洋大津波から命を救った少女の話

2004年12月26日インド洋大津波が各地を襲い、外国人観光客も含めて約23万名の犠牲者を出しました。このときに報告された命を救った2つの話を紹介します。

1つ目は、タイ・プーケット島でのイギリス人少女のお話しです。学校での教育が命を救った事例になります。

タイのプーケット島を含むアンダマン海沿岸では、インド洋大津波により外国人滞在者を含めて8000名以上が犠牲になりました。地震の揺れもなく、突然津波が来襲し多くの命を奪いました。その中で、マイカオ海岸だけは例外的に被害が少なく、死者・行方不明者は1人もいなかったと報告されています。これは10歳のイギリス人少女ティリーのおかげであると言われ、記事で紹介した新聞は、彼女に〝angel of the beach〟の称号を与えました。

ティリーは、イギリスから家族とプーケット島にやってきて休日を過ごすために、その日も家族と一緒にマイカオの浜辺にいました。しかし海を見ていると、奇妙なことに海が泡立ったかと思うと、突然に潮が引いて海面が下がった様子を目撃したのです。ティリーは、学校の授業で地震と津波について学んだばかりだったので、その現象が何を意味しているかにすぐ気がつきました。

このことを両親に告げ周辺の方々にも伝え、次の押し波となる津波から多くの命を守ることができたのです。このようなとき、子供の言うことだからと相手にしない大人も多いと思われますが、幸いなことに、ティリーの両親は自分の娘の直感を疑うことはせず、周りの人たちもティリーたちの発した警告を理解し迅速に応えてくれたのです。

2つ目がスリランカでのお話しです。記憶していた逸話が脳裏に浮かび、異変を感じて避難できた事例です。スリランカ・ゴールの北に位置しているバラピティア地区に津波が来襲したとき、家で寝ていた女性が、音もなく来襲する第一波の異変を感じました。そのときに沿岸を見ると、海面が1.5ｍほど上昇して異様な状況であったため危険を感じ、すぐに熟睡していた弟たちを起こしましたが、彼らはなかなか起きなかったので、ベッドから突き落としたそうです。次に波が引いていき、干上がった海底には跳ねまわる魚などが見え、その後に大きな第二波目が来襲したのです。なぜ彼女だけが第一波の来襲の際に危険を感じたのでしょうか？　彼女は仏教の中にある津波についての逸話を記憶していて、それがすぐに頭をよぎったそうです。以下がその話です。

２０００年以上前に、スリランカの西部はデーバナンピア・ティッサ王（Devanampiyatissa、在位紀元前２４７〜２０７年）により治められていました。ある日、この王が仏教僧を殺害したため、神が激怒して海水を持ち上げ土地を飲み込みました。海岸線から15マイル（約24㎞）もの長きにわたり海が上昇し、多くの人々が飲み込まれていきました。王は怒り狂う神をなだめるために黄金の船を造り、生け贄として王女をこの船に乗せて出港させました。すると海は引き、船は島の南島に位置するキリンダに到着しました。厳しい試練を生き抜いた幸運な王女は、当時その地域を治めていたカバンチッサ王の紀となりました。キリンダ近郊にはその記念碑があり、寺院にはこの話の壁画があります。

＊インド洋大津波　２００４年１２月２６日スマトラ島北西沖のインド洋を震源とするＭ９・０の地震が発生。スマトラ島バンダアチェ付近では震度5強〜6弱だったが、直後にインド洋を波高2〜１０ｍの大津波が襲った。海に囲まれたアチェでは、被害地域の中でも最大の１３万人が命を落とし、５０万人が住む場所を失った。

5.4 津波からの生還例 ――高速道路（高台）への避難

ここでは、地元新聞（河北新報）で報告された事例を紹介しましょう。仙台市若林区六郷地区は、太平洋沿いに広がる海抜２ｍの平地に水田が広がる中に住宅が建ち並ぶ地域で、高いビルや高台はありませんでした。地域には指定避難所の東六郷小などがありましたが、海岸近くで津波の直撃が懸念され、津波に対する備えが長年の課題でした。

六郷地区で町内会長を務める大友文夫さんは、１９６０年チリ地震で発生した津波のときに、自宅に30㎝の高さまで水が押し寄せて来たことを体験しています。その体験から大友さん夫婦は普段から、「万一のときは、避難所に指定されている東六郷小ではなく仙台東部道路*へ避難する」と話し合っていたそうです。市内沿岸部を南北に貫く仙台東部道路は、周辺より高い盛土構造（７～10ｍ）で造られているために指定避難所より安全だと判断していたのです。付近住民の間では以前から仙台東部道路の防災機能に注目しており、一時避難場所*として指定するよう１万５０００名分の署名を集め、宮城県や東日本高速道路と協議していました。私もこのような活動に協力してきました。

２０１１年３月11日、大友さんは肥料を軽トラックに積み、名取市から仙台市の自宅へ帰る途中で強い揺れを感じました。閖上《ゆりあげ》大橋の手前で警察官に「津波が来る」と止められましたが、「家に妻がいる」と制止を振り切り、車を降りて５㎞

＊仙台東部道路
大津波で壊滅的な被害を受けた仙台市若林区六郷地区（名取川河口付近）を通り、市内沿岸部を南北に貫く総延長24.8kmの自動車専用道路。平地にある仙台市を含む宮城県中南部は海岸から4km内陸まで津波が達したが、道路はさんだ左右では浸水被害に大きな差が出た。市街地への津波や瓦礫の流入を抑制するなど、「高台」と「防潮堤」という２つの機能を発揮したと言われている。

＊一時避難場所
大規模災害の発生時に、広域避難場所や指定された避難所に移動する前に、一次的に集まる中継地点の避難所。大都市では、帰宅困難者が公共交通機関が回復するまで待機する場所を一時的な避難場所の意味で用いることもある。

離れた自宅へと走りました。

橋を渡ると誰かが「津波が来るぞー」と叫んでいました。海を背に仙台東部道路へ死に物狂いで向かい、道路わきの高さ１ｍのフェンスを乗り越え、盛土で造られた道路の法面《のりめん》（人工的傾斜面）をよじ登り下を見ました。「がれきから、人から、車から…、何もかもが流れてきた」。黒い波から「助けてーっ」と悲鳴が聞こえてきたそうです。

「何もできんかった…」

自宅にいた大友さんの妻も東六郷小学校には行かず、反対方向１００ｍ先にある仙台東部道路を目指しました。道路の法面手前に高さ1.7ｍのコンクリート壁の前で登れずにもがいていると、周囲の人が押し上げてくれました。

こうして、仙台東部道路に避難した約２３０名の住民は命をとりとめたのです。

一方で、４４５名が避難した東六郷小には、体育館や校舎二階まで津波が押し寄せ、多くの人が流され命を落としました。

このように、地域のみなさんと事前に安全な場所を確認しておけば、想定を上まわるような津波に対しても、命を守ることができるのです。

＊仙台を襲う津波（CG映像）

5.5 車避難は必要か？

２０１６年11月22日の福島県沖地震＊では、直後に津波警報が発表され、テレビ

＊福島県沖地震
同日午前５時５９分頃、M７.４、最大震度５弱の地震が発生、それに伴う最大の高さ１.４ｍの津波も発生した。

やラジオは「今すぐ逃げてください」と津波がすぐにも来るかのように、緊迫した強い表現で避難を呼びかけました。安全な場所に移動が始まりましたが、そのために多くの車が避難に使われ渋滞も起きてしまいました。津波避難の際に、繰り返し起こっている状況です。

このときに市内各所で多くの渋滞を経験した福島県いわき市では、その経験を踏まえ避難の検討会議を重ねてガイドラインをまとめています。津波発生時の避難は「原則徒歩」とした一方で、高齢者や障害者等の避難には車が使えるとしました。その後、徒歩と車の避難訓練が行われ、住民は徒歩の避難に協力して車の利用が最小限に抑えられるようになりました。避難の際に支援が必要な人を助け合えるよう、今後は小さな地域単位で話し合い、避難のローカルルールの検討が進められています。

さて、ここであらためて車避難について考えてみましょう。これまでに「津波はジェット機のスピードで伝わってくること」*や「湾の中では自動車程度の速さになること」、そして「津波から生き延びるためには、一刻も早く安全な場所に避難することが大切であること」を学んできました。普段から使い慣れている車で避難しようとする気持ちが出てくることは当然とも言えるでしょう。みなさんならどのような方法を思いつくでしょうか？　歩いて避難しますか？　それとも車に乗って避難しますか？

車は荷物をたくさん積むことも、一度に数人が乗ることもできますし、時速何十㎞ものスピードでも走ることのできる便利な乗り物です。現代の車社会では、欠か

＊「津波はジェット機のスピード～」
「図1·15 水深と津波の高さと伝播速度の関係」参照。

すことのできない大切な財産ともなっています。

しかし、津波が襲ってきたときに車で避難することはとても危険な行動です。朝晩の通勤通学の時間帯や連休などの渋滞した道路の状態を想像してみれば、目的地に辿り着くまでの大変さは簡単に想像することができるでしょう。特に災害時では、停電により信号が作動していない場合が多く、交差点で立ち往生してしまうことも少なくありません。強い地震の後では、道路の陥没や橋梁周辺の落下なども発生し、通行できなくなるケースもあります。

また、車に多くの荷物を積めるからといってあれこれ大事なものを積み込んでいるうちに避難が遅れてしまい、そこに大津波が襲ってきたらどうなるでしょうか。

2004年インド洋大津波のインドネシア・バンダアチェでも、街中を流れる泥流となった津波に多くの車が押し流され、傍らでは人々が家の屋根などの高い所によじ登って助かっている様子がテレ

図5.1　多賀城市を襲う津波

（出典：「たがじょう見聞憶」より）

ビでも映し出されていました。このように車での避難は、道路が渋滞して身動きが取れなくなったときに津波に襲われると車ごと流されることになり、とても危険です（図5・1）。

しかし一方で、車での避難が必要な人もいます。特に歩行困難な方には、何らかの移動手段が必要であり、荷台押し車などもありますが、車もその一つになります。「車での避難が本当に必要な人」がいち早く安全な場所に避難できるように、自らの足で動ける人々は車での移動をできるだけ避けましょう。

5.6 そのとき、逃げ場は！ ―認知マップの修正と活用

普段、私たちが歩いたり移動している道路や街角の情報は頭の中で蓄積され、行動の元となっています。毎日歩いている街路などは隅々まで思い描くことができるでしょう。しかし、滅多に行ったことがない場所は忘れてしまいます。さらに、毎日意識しないで歩いていると、その情報が段々消えていってしまうこともあります。これらは認知マップ*と呼ばれ、災害時の避難経路の距離、長さを示す位相的情報*や経路周辺の空間認知といった位置的情報など、様々な性質の情報を有しており、私たちの判断を手助けしてくれます。

これは主観的地図（地理）ともいい、主観的地図は5つの要素：パス（移動に

＊認知マップ（認知地図）
頭の中に存在する地図のこと。人はそれぞれの情報と経験に基づいて、空間的イメージを作り上げている。

＊位相的情報
全体（集合、連続など）に対する部分的な情報のこと。

利用する道筋、経路)、エッジ(海岸線など2つの地域を隔てるもの)、ノード(街中にある交差点など結節点、中継地点)、ランドマーク(大きな建物など物理的に移動の目印となるもの)、ディストリクト(地域)で構成されています。

このマップが実際と合って正しければ、適切な行動が取れると期待できますが、現実には個々の経験により距離が違っていたり、方向がズレていたり、必要な情報(交差点や建物)が抜け落ちていたりします。これは、誰でもが持っている状況であり、実際の津波の避難時に近いと思って移動したが実は遠かった、また違う方向(海の方向)に間違って行ってしまった、などが報告されています。

これを修正するにはどうしたらよいでしょうか? まずは、できるだけ大きいサイズの白紙に自分(家)の位置とゴール(避難場所)を書いて、その間にある道路や鉄道、河川、建物、危険物、斜面などを書いてみて下さい。一つのルートだけではなく、できるだけ複数を書いて下さい。そして、その自分で描いた地図と実際の地図を比較してみると、その違いにより具体的にいかに「歪んで」いるかがわかります。

そしてこれで終えずに、自分の描いた地図と実際の地図を持って、実際の経路を確認して下さい。その場で頭の中の認知マップが修正できるはずです。実際に街歩きで修正され、さらに様々な情報を加えた地図が作成できれば、地域のハザードマップに加えてこの情報を使うことで正しい行動が取れるでしょう。(図5・2)

図 5.2　修正された認知マップ

（出典：小冊子「津波から生き抜く じぶん防災プロジェクト」＊、2016）

＊「津波から生き抜く じぶん防災プロジェクト」
東北大学災害科学国際研究所の実践的防災学プロジェクトの一つで、防災の知識とじぶん事としての意識向上を目指している。

（123ページ「コラム⑤」参照）

5.7 オレンジフラッグの活動

東日本大震災後には、津波等の被害を軽減しようと様々な活動やプロジェクトが試みられています。その一つ、オレンジフラッグ プロジェクトを紹介します。

これは、一般社団法人 防災ガール*と日本財団が展開している津波防災の普及プロジェクト「#be ORANGE」（ハッシュビーオレンジと読む）の一環で、津波が来たことを知らせる合図として「オレンジフラッグ」を広める活動のことです。（図5・3、図5・4）

*一般社団法人 防災ガール　2013年3月設立。「防災があたりまえの世の中に」を目指し、WEBメディアでの発信やプロデュースを通して、新しい防災の概念を提起する活動を続けてきた。2020年3月11日に満7年の活動をもって解散。

図5.3　一般社団法人 防災ガールのみなさま
（出典：一般社団法人 防災ガール）

図5.4　津波防災の普及啓発プロジェクト「#beORANGE」
（出典：一般社団法人 防災ガール）

沿岸部に住む地元の住民だけなく、海水浴場に来た方々にも安全に避難してもらおうという目的で、観光客に向けて安全な場所への誘導や、より迅速な津波避難を呼びかける合図として、オレンジ色の旗（フラッグ）の設置／普及／啓発の活動を加速させたいという取り組みです。

このプロジェクトでは、海に映える「オレンジ」という色を使ったフラッグを津波緊急避難ビル*やタワーに掲げることで、緊急時に避難する先をわかりやすく示すことにしています。さらには各地で、プロジェクトに共感する賛同者もキーカラーとなるオレンジを用いて可視化し、オレンジフラッグを活用した避難訓練を実施するなど、日本全体を巻き込んで「海と共に生きる」未来をつくることを目指して活動しています。視認性が高く、非言語でわかりやすいため、全国で地元のサーファーや学生を始めとして、海が好きな人が集まり自分たちの手で実践しています。

２０１６年度には73市町村に１６５本のオレンジフラッグが設置されました。陸でオレンジフラッグを振る人が見えたり、高台や津波避難ビルにオレンジフラッグが掲げられているのが見えたら、それは「津波が来たぞ、早く上がれ！」「ここが安全だ、早く登れ！」ということを意味しています。

また、２０１７年７月には宮崎県沿岸部（宮崎市青島エリア）でビーチに来ていた観光客・海水浴客に、防災ガールによる「津波防災に関する意識・対策に関するヒアリング調査」が実施されました。

この地域は，南海トラフ巨大地震*が発生した際には、最短18分で津波が到達する

＊津波緊急避難ビル
津波が押し寄せたとき、地域住民等が一時的に避難するための緊急避難場所として市町村によって指定されたビルや建物。

＊南海トラフ巨大地震
南海トラフでのプレート境界を震源域として概ね１００～１５０年間隔で繰り返し発生してきた大規模地震をさす。前回の１９４４年昭和東南海地震、１９４６年昭和南海地震の発生から７０年以上が経過した現在では、次の南海トラフ地震発生の切迫性が高まっている。

との予想が発表されており、いち早く情報を取得してより安全な場所へ早く避難を開始することが必要な場所です。

ヒアリング調査に寄れば、「今地震がきたら?」の問いに対して70%の人が「逃げる」と回答しました。しかし、一時的な避難場所として指定されている「津波避難ビル」の場所について問うと、90%以上が「知らない」という回答でした。そもそも「津波避難ビル」の存在さえも知らない人が75%もいるという事実、さらにビーチには津波と波の違いがわからない人も60%以上いるということも判明しました。

この調査では、海に来ている観光客や海水浴客の津波に対する意識の希薄さが改めて浮き彫りになり、現状でのハード面での対策だけではなく、誰もがわかるソフト面の対策の必要性も示唆する結果となりました。

5.8 津波緊急避難ビルについて

津波から身を守るためには、迅速な避難開始に加えて、避難場所・施設の確保が大切です。高台などがない沿岸部では施設・ビル等の設置が求められ、津波避難ビル等の指定や新たな建設が必要になります。

津波避難施設・ビルには、避難タワー、集会施設なども併設した多目的施設、外階段を付けるなどの既存建物の改築・改良、1階をピロティー構造*にしたもの

＊ピロティー構造
1階を壁で囲わずに、柱だけの外部に開かれた空間にして駐車場などとし、2階以上をオフィスや居住スペースにする建築方式。

図 5.5　仙台市の津波避難タワー

（撮影：著者）

など多彩にあります。（図 5・5）

国土交通省港湾局が定めた津波避難施設の立地計画や津波に対する安全性を確認するためのガイドライン*があります。まず大切なのは、津波が来襲しても破壊されない「構造的要件の基本的な考え方」になります。通常は浸水深に応じて「津波荷重*」という作用する力を想定して、外壁・窓等などの受圧面、柱・梁・耐力壁等の

＊港湾の津波避難施設の設計ガイドライン
「港湾の津波避難施設の設計検討ワーキンググループ」による検討が重ねられ、2013（平成25）年10月に取りまとめられ策定された。

＊津波荷重
津波により建物などに作用する力（荷重）であり、津波の浸水深に加えて建物のデザイン（形状や面積）に関係する。

構造骨組を設計することが求められています。さらに前提として、津波来襲前に発生する地震動や液状化などに耐える「津波避難施設・ビル」を設計することが大切です。

「津波避難施設・ビル」を利用するための計画手順は次の通りです。

① 建設地の想定　津波浸水予想区域内を定めて（イエローやレッドゾーン）、「津波避難施設・ビル」の位置を想定します。

② 避難可能範囲の推定　津波の到達までに徒歩での避難可能な範囲を定めます。具体的には津波避難ビルを中心に、津波到達時間内に徒歩で移動できる距離を半径とした海側の半円形などを避難可能範囲として設定します。

③ 収容可能な範囲の推定（収容人数の推定）　津波避難ビルの収容人数は、当該地域の人口密度（居住人口・就労人口）と②で設定する範囲（利用者・観光客なども）により推定します。

④ カバーエリアの決定後、必要であればカバーされない範囲の避難計画も拡げて、最終的に決定していきます。

②③により推定した避難可能範囲がカバーエリアとなります。以降カバーエリア以外の範囲において①～④の操作を繰り返し、建設地点および収容人数を設定していきます。

5.9 防災施設である防潮堤・防波堤の役割

海岸保全対策では、堤防・防潮堤などの施設を用いて、波や流れと漂砂《ひょうさ》＊を制御し、沿岸域の治水安全度などの防災機能を向上させるとあります。代表的な構造物である海岸堤防（防潮堤）は、波浪・高潮・津波などに対して陸上への海水浸入を防止する施設となります。人命だけでなく、施設・財産・インフラや農地など、地域全体を守ってくれる機能は欠かせません。

ここで重要なのがその高さや規模、構造の選定になりますが、防災機能に加えて、環境（生態）や景観に配慮することも大切です。いくつかの定義はありますが、堤防は内陸の河川沿いなどに、防潮堤は陸と海の境界に、防波堤は海の中に設置している構造物として整理するとわかりやすいでしょう。

これら海岸保全のための構造物（堤防、防潮堤、防波堤）の基準は、東日本大震災直後に見直しを行いました。これまでの被害や影響の実態から、過去に一定頻度（十数年～100年に1回程度）発生する津波をレベル1として、構造物の天端《てんば》高を上限としました。それを超える100～1000年に1回程度の低い頻度で発生する過去最大級の津波はレベル2として、ハードの防災施設だけでは守り切れないものと基準を定め、ソフト面での防災も加えて総合的に減災を図ることにしたのです。（66ページ表3・3参照）

このような最大級の津波は、堤防を越流してしまう場合があります。（66ページ

＊漂砂
海中の波の運動や潮流等により、砂が移動する現象やその砂。海岸侵食・堆積に深く関わる。

図3・11参照）東日本大震災では、この越流により背後の基礎が洗掘《せんくつ》され強い力で損傷し、ついには堤防自体が破壊されたケースがありました。それにより後続の津波が陸側に入りやすくなり、被害を拡大させました。現在、このようなケースでも破壊しないように背面やその基礎をコンクリートで被覆するなどの「粘り強い」構造とする対応策も提案されています。

5.10 安全な沿岸地域づくりを ―「津波防災地域づくりに関する法律」＊と地域的な備え

東日本大震災での津波による甚大な被害を踏まえ、国内においては同様の規模、またはさらに上回るような災害が予測されているために、将来を見据えた津波災害に強い地域づくりを、被災地はもちろん全国で推進する必要があります。

震災の直後には、復興構想会議や内閣府の防災関係の専門調査会、防災に加えた減災の充実、多重防御＊、レベル1・2の津波対策などが提案されました。特に、施設などを管理する立場である国土交通省（社会資本整備審議会・交通政策審議会計画部会など）では、緊急提言や政府の東日本大震災からの復興の基本方針等を踏まえ、「なんとしても人命を守る」という考え方により、ハード・ソフト施策を総動員し多重防御による津波防災地域づくりを推進するための制度が検討されました。

＊「津波防災地域づくりに関する法律」
2011（平成23）年12月14日公布。本法により、将来起こりうる最大クラスの津波災害の防止・軽減のために全国で活用できる制度の整備が進められた。

＊多重防御
「人命第一」「災害に上限はない」という考えのもと、最大クラスの津波には「逃げる」ことを前提として、あらゆるハード・ソフト施策を組み合わせた「減災」を目的とする施策。

津波による災害防止等の効果が高く、将来にわたって安心して暮らすことのできる安全な地域の整備等を総合的に推進することにより、身体および財産の保護を図ることがとても重要です。特に、地域防災のためには市町村による推進計画の作成が必要であり、津波来襲の可能性があるエリアでは、その影響（浸水深など）の程度により区域を指定し、効率的に対応することが大切になります。

国土交通省では、「津波防災地域づくりに関する法律」（略称：津波防災地域づくり法）を2011（平成23）年12月に施行し、警戒避難体制の整備を行う区域を「津波災害警戒区域*」、一定の開発行為および建築物の建築等を制限する「津波災害特別警戒区域*」と指定しました。

この2つの区域は、津波浸水想定*の設定をすることになりますので、都道府県知事は、基本指針に基づき設定した内容（情報）を公表しなければなりません。これを受けて各市町村は、津波防災地域づくりを総合的に進める計画を作成することができるのです。

次ページの図は「津波防災地域づくり法」の考えをまとめたものです（図5・6）。赤色は津波災害特別警戒区域のうち市町村長が条例で定めた区域、オレンジ色は津波災害特別警戒区域、黄色は津波災害警戒区域を示します。

本書で紹介した河川津波などの影響も考慮した地域づくりが必要となっていることがわかります。

＊「津波災害警戒区域」と「津波災害特別警戒区域」
この2つを併せて「警戒区域等」といい、すでに明らかになっている津波の浸水リスクに対して対策を講じて安全を目指している地域であることを表明するもの。指定することにより自治体職員や住民等の防災意識の向上、防災活動への参画、避難場所の確保、他機関との連携強化、要配慮者の避難における周辺住民の協力が得られやすくなった等の効果がでている。

＊津波浸水想定
津波により浸水するおそれがある土地の区域および浸水した場合に想定される水深を設定し、明らかにすることが「津波防災地域づくり法」によって規定されている。

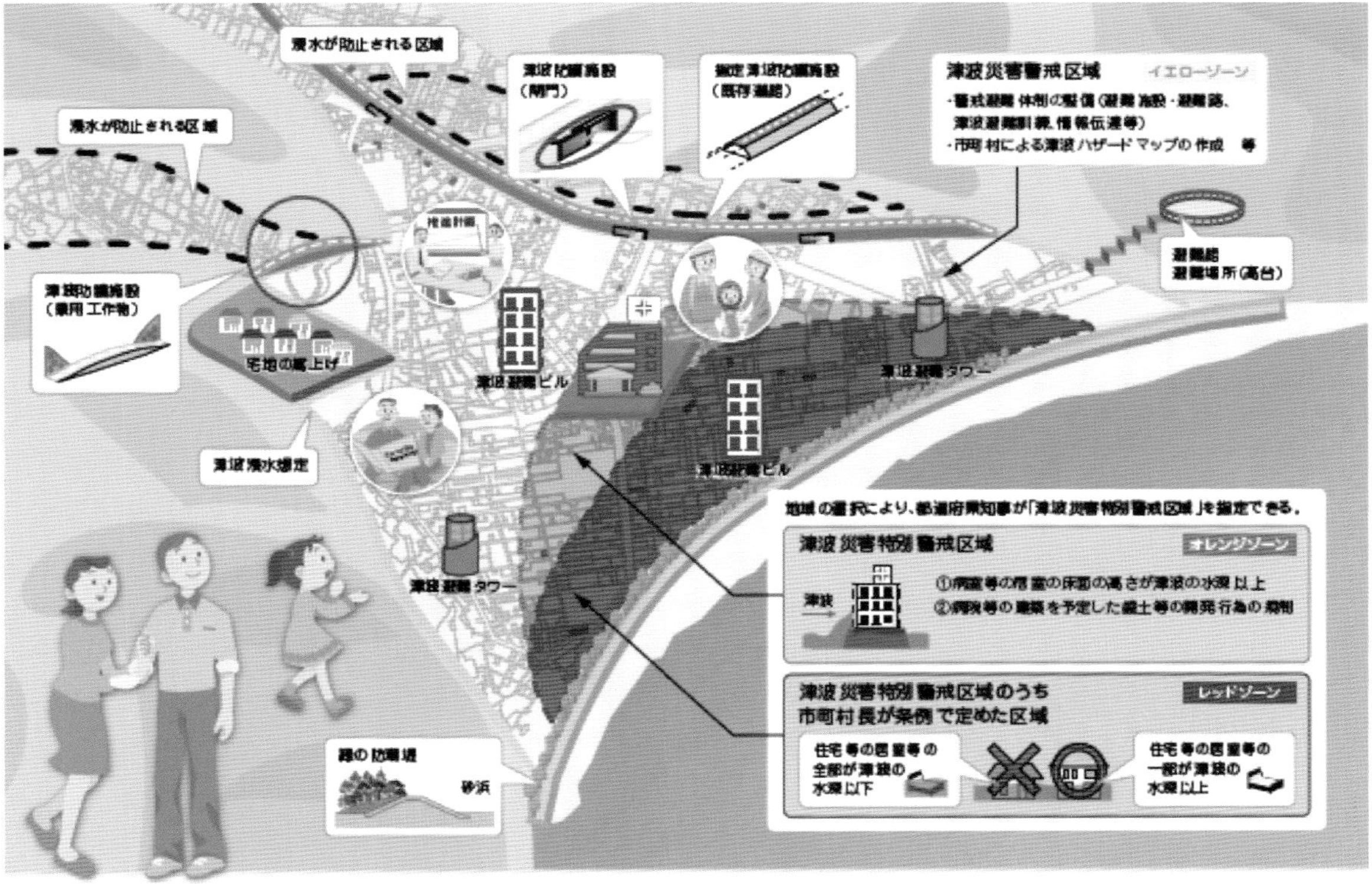

図 5.6　いのちを守る津波防災地域づくりのイメージ
（出典：国土交通省「津波防災地域づくりに関する法律」パンフレット）

5.11 今できる備えとは何か？ ―まずは避難訓練をしてみませんか？

いつ起こるかわからない災害に備え、普段から避難訓練を行うことは非常に必要です。避難訓練は、突然発生する災害や犯罪、テロや戦争に対しての危険から命を守るための適切な避難を訓練することになります。

避難は、危険から遠ざかる、または避けるという意味ですので、まずどのような状況が危険なのか？　または安全なのか？　という知識や情報が必要です。そのうえで危険を避けるという判断や行動が伴いますので、実際の訓練・体験が非常に大切になります。

屋内外で実際に危険な場を想定して、臨機応変な判断力をつけることが最も大切になります。時間帯や季節、さらには危険に直面するときが、必ずしも日中で晴天とは限りませんので、天候を選定することも忘れないでください。

また、個人と集団で取れる行動は異なってきますので、それぞれの場合で各自の判断基準を整えておくことも必要です。訓練は事前に知識や情報の集積、シナリオなどでの準備の記録、そして振り返りや反省などいくつかの段階を踏むことになりますが、どの段階から始めてもよいでしょうし、それを継続して取り組み、知識と判断力を付けておくことが最も重要になります。

学校では、訓練を実施するなかで避難時の心構えをまとめた「おかしも」＊という標語が作られており、これを頭に入れて慎重な行動をするように促しています。

＊おかしも
この標語は、1995年1月17日に発生した阪神・淡路大震災以後に消防庁が推奨してきたものが始まりと言われ、「おかしも」の他にも避難訓練の標語として使われている。
「おはしも」…押さない・走らない・しゃべらない・戻らない
「おはしもて」…押さない・走らない・しゃべらない・戻らない・低学年優先
「おかしもな」…押さない、駆けない、喋らない、戻らない、泣かないこの標語は「危険学プロジェクト*」で提案された「押さない、駆けない、喋らない、戻らない」（地震編・火事編共通）の頭文字を採ったものです。これらの標語は地域や教える学校によって若干の違いはありますが、基本的には焦らず冷静に判断し行動することが重要という点は同じです。

訓練では、普段と違う意識で周辺を観察し、いざというときの安全な場所とそこに移動できる経路や手段を考えておくことです。そのために、ハザードマップ（浸水図）は重要な情報であり、自分の判断は100ページで紹介した認知マップの修正が大切になります。もし地震が起きて津波がきたら、降水が起きたら、火災が起きたら、という非日常時の仮定のもと、河川や水路も含めて、周りを確認してみることが最も大切な一歩なのです。

なお、訓練の中では参加者へ配慮することによって逆効果になる場合もありますので、その例を紹介します。

2011年3月11日に発生した東日本大震災では、岩手県釜石市の拠点避難所*として指定されている「鵜住居《うのすまい》地区防災センター」に避難した住民のうち54名が津波にのまれて亡くなっています。東日本大震災発生の前年（2010年）5月と発生8日前の3月3日には、二次避難所での避難訓練が行われていました。一次避難所が高台に位置していたので高齢者への負担軽減のために、津波発生時の緊急避難所でなく二次避難所で行った訓練でしたが、これが逆に誤った刷り込みを生じさせる結果となってしまいました。

＊危険学プロジェクト
2007年4月から畑村洋太郎氏が立ち上げた〝事故の防止〟を最終目標として、社会・組織・人間の考え方や行動様式の解明にまで踏み込んで調査研究を行うプロジェクト。

＊拠点避難所
津波が収束した後の二次避難所。

河川津波に特化した避難のいくつかのポイントを整理しました。

①命が助かる場所があるか?

都市部には高層の建物、歩道橋や高架道路など、そこに登れば命は助かるという場所もたくさんあります。こうした場所やスペースをいざというときに活用するためには、日常的に津波災害などを意識することが大切です。

河川津波の場合には、海岸方向だけでなく河川から堤防を越えて津波が来襲する可能性があるので、それらの地域で身を守れる場所(スペース)を確認しておくことが大切です。従来は3階建ての鉄筋コンクリートが目安でしたが、東日本大震災の経験から5階建て以上が推奨されるようになりました。マンションなどの民間施設は、普段のセキュリティーのために入り口がロック(閉鎖)されていますので、この点も確認し地区などでの協議も必要です。

②判断力を高める訓練とリアルタイム情報

これまで紹介してきたように、津波について様々な解析や検討が行われていますが、実際にどのように押し寄せてくるのか、何を引き起こすのかを正確に予測することは難しいために、柔軟な判断力を養っておくことがますます必要になります。

大きな津波が押し寄せてきて内陸へ逃げたら、川を遡上した津波が内陸側から逆に襲いかかってくるかもしれない、津波により排水溝の水がマンホー

図 5.7　避難支援アプリをいれたスマホの画面イメージ（左）と実際の訓練の様子（右）
（出典：川崎市政策情報誌「政策情報かわさき第 37 号」）

ルから噴き出してくるかもしれない、火災の発生や混雑で動けなくなるかもしれないなど様々なことが考えられます。柔軟な判断力を高めるためには、事前に複数の災害等に対して、どういう状況で何が生死を分けたのかを知っておくことが大切です。さらに、今、どのような災害が起きているのかをリアルタイムで把握することも重要です。

　私たちの産学官の共同研究（川崎市、富士通株式会社、東京大学地震研究所、東北大学災害科学国際研究所によるプロジェクト「KAIZEN」*）でもこうした判断力を高めることを目的に、ICT*を活用しています。2018年には、危険個所や安全なルートをリアルタイムで共有できる避難支援アプリを使った避難訓練を実施しました。

　住民には、あらかじめスマートフォンに避難支援アプリを入れてもらい（図5・7

＊KAIZEN
「川崎臨海部を対象としたICT活用による津波被害軽減に向けた共同プロジェクトKAIZEN（KAwasaki Improvement model for regionally customiZed disastEr mitigatioN）」

＊ICT
Information and Communication Technology：メール、チャット、SNS、インターネットなどを利用する技術のこと。

左）、避難訓練で逃げる先々に、火事や通行止め、建物倒壊で通過不能など想定外の状況を模擬的に作り出し（避難経路上に災害状況を書いた看板を持っている人を立たせておく。図5・7右）、その情報をアプリでシェアしてもらいました。その結果、想定外の場に居合わせた人だけでなく認知マップ（100ページ参照）でのルートを考えた人も、危険な場所を通らないで違う安全なルートを考え出せるようになるなど、一定の成果を得ることができました。

これまでの避難訓練は、避難経路上のリスクを事前に評価しておいて、この道を通ってどれだけ早く避難できるかということに重きを置いていましたが、その前提が崩れたとき、いかに柔軟に対応できるのか、その判断力を養う訓練を考えたのです。こうしたリアルタイムの情報共有が今後はとても重要になります。（図5・8）

図5.8　GPSで取得された避難行動

（出典：川崎市政策情報誌「政策情報かわさき第37号」）

③ 最悪の事態での対応力を高める

生存率を向上させるためには、関連する情報や知見を得ることで事前対策を行っておくことが大切です。実際に津波にのまれてしまった過去の事例から、どのような状況で致死に至ったのか？ それを避けるためには何が必要だったのか？ を検討することです。そのうえで漂流を助けるツールは？ 瓦礫などの漂流物から身を守るためにはどうしたらよいのか？ 漂流中は決して津波の黒い水を飲んではいけない…など、最悪の事態に遭遇した状況をできる限り想定しておくことです。これがいざというときの対応力、あきらめずに最善の方法を考え実行できる力になります。

漂流を助けるツールとして、一般社団法人 DSC（自衛隊応援クラブ）*、DSCサポートクラブ株式会社が開発、商品化した防災グッズであるリュックサック型（救命）人命補助アイテム「津波フロートパック」（図5・9）を紹介します。

これは、将来を担う子供たちの笑顔を守ることを目的に開発されました。特に幼稚園から小学校までの子供たちは、緊急時には身体的に不利な状況が考えられるので、それを補うための対策が必要となります。

次の3つがその重要な要素となります。

＊一般社団法人 DSC（自衛隊応援クラブ）DEFENCE FORCES SUPPORT CLUB：自衛隊の役割と活動を周知、特に青少年と自衛隊の懸け橋となることを目指して、自衛隊OBを中心に2014（平成26）年に組織された。防災イベントの企画、開催にも取り組む。

1 浮くこと：津波に押し流されても 体が浮き上がることで窒息死に至ることを防ぎます。

2 簡単装備：地震発生から津波到達までの短い時間内に、誰でも簡単に素早く装着できることで多くの人命を救えます。

3 位置情報：目立つ色を採用することで視認性が上がり、夜間には水に反応し光るライトを装着しておけば存在がアピールでき、早期発見につながります。さらには、ＧＰＳ発信器の装備も検討されています。

図 5.9　津波フロートパック

（出典：浮くリュック「フロートパック」公式ホームページ）

5.12 震災伝承の取り組み

日本では、震災などの災害について経験や教訓を伝承していき、地域の生活に根付かせようという文化があります。人間は、普段の生活の中で時間とともに災害の経験や教訓が薄れてきたり、次の世代に伝えられなかったりします。そのために、同じような災害が起きると、同じ被害を繰り返し受けてしまいがちです。これを少しでも減らすことが事前防災の大切な要素です。

阪神・淡路大震災*をきっかけに設立された「阪神・淡路大震災記念 人と防災未来センター*」、新潟県中越地震*メモリアル拠点としての「中越メモリアル回廊*」など、震災による災害が再び起こらないように伝承していく取り組みが行われています。

このように大震災での遺構の保存は、被災地そのままの情報を保管することで、被災者の想い、復興への取り組みを世界へ発信していくことにつながります。

東日本大震災の沿岸被災地では、震災10年（復興創生期終了）を前に震災祈念公園、震災遺構施設・博物館・資料館が多く整備されるようになりました。この中で一般社団法人「3・11伝承ロード」推進機構が発足し、各地の施設や取り組みをネットワーク化し、活動を支援する組織として提案されました。東北地方太平洋沿岸各地には200以上もの施設やメモリアルが整備されています（図5・10）。東日本大震災は広域災害であり震災伝承施設が点在しているため、「3・11伝承ロード*」として各施設を有機的に繋ぎ各地の啓発・伝承活動を活性化するだけでなく、新しい地域振興にも貢献していくことが大切になります。

＊阪神・淡路大震災
1995（平成7）年1月17日5時46分、淡路島北部を震源とするマグニチュード7.3の地震が発生。この地震により、神戸で震度7、洲本で震度6を観測、東北から九州にかけて広い範囲で有感となった。人的被害は、死者6434名、負傷者43792名、行方不明者3名。住家は、全壊が約10万5000棟、半壊が約14万4000棟に及ぶ大災害。

＊阪神・淡路大震災記念 人と防災未来センター
2002（平成14）年4月に兵庫県が創設、公益財団法人ひょうご震災記念21世紀研究機構が運営を行う施設。阪神・淡路大震災の経験を語り継ぎ、その教訓を未来に生かすことを通じて、安全・安心できる市民協働・減災社会の実現に貢献することを使命とし、防災・減災に関する情報を発信。

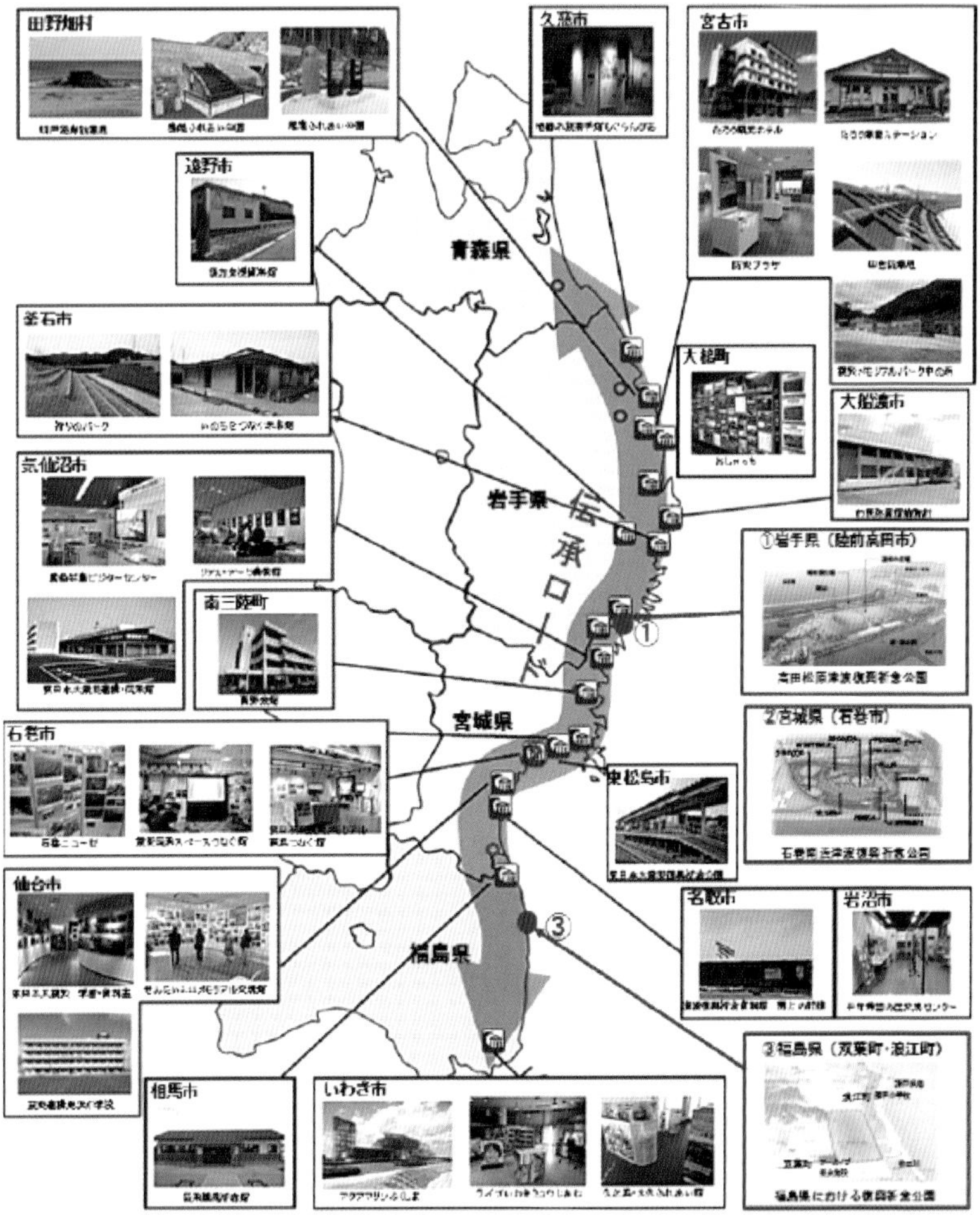

図 5.10 「3.11 伝承ロード」のイメージ

（出典：3.11 伝承ロード推進機構）

＊新潟県中越地震
2004（平成16）年10月23日に発生したM6・8、新潟県川口町で震度7を観測するなど、新潟県中越地方を中心とした地震。走行中の上越新幹線の脱線など、交通網、ライフラインにも多くの被害が生じた。加えて、降雨などの二次的要因による複合災害として被害の拡大、長期化をもたらした。死者68名、負傷者4805名、住家全壊3175棟、半壊13810棟。

＊中越メモリアル回廊
財団法人新潟県中越大震災復興基金により2011（平成23）年10月、長岡市と小千谷市に3施設（現在は4施設）3公園が誕生。それらを拠点として回廊でつなぐ。中越大震災の震災の記憶と復興の軌跡、体験・教訓を伝えることで減災社会の実現を目指すメモリアル施設。

図 5.11　気仙沼市東日本大震災遺構・伝承館（撮影：著者）

図 5.12　気仙沼向洋高校旧校舎内の被災状況（撮影：著者）

2019（平成31）年3月10日、「気仙沼市東日本大震災遺構・伝承館」がオープンしました。市中心部より南へ約20分の階上《はしかみ》地区*にある「気仙沼向洋高校旧校舎」と震災伝承館になります。同じ悲劇が繰り返されないように、「目に見える証」として将来にわたり大震災の記憶と教訓を伝え、警鐘を鳴らし続けることを目的としています。気仙沼市が目指す「津波死ゼロのまちづくり」の実現に向けて、大震災の記憶と教訓を、国内外の皆さんと共有するための施設です。（図5・11）。

ここは震災当日まで生徒達の学び舎として使用されていましたが，2011年3月11日に発生した東日本大震災の津波により校舎は4階床上まで津波により浸水、そこにあった生徒達の思い出は一瞬にして無くなりました。この地域には大きな河川はありませんでしたが、気仙沼湾の入り口に位置しており、津波がいち早く到達しました。さらに、岬があるために様々な方向からの津波が到達してきましたが、適切な判断による対応

*「3.11伝承ロード」
東日本大震災で被災した東北の太平洋沿岸500kmにも及ぶ広大な範囲に点在する震災遺構や施設をネットワーク化。「震災伝承のプラットフォーム」として、災害からの学びと備えの普及を進めながら地域振興につなげ、防災・減災につながる情報を発信する。

*階上地区
1700戸を超える全壊家屋をはじめ、地区の60%を超える計2600余りの家屋が大規模半壊・半壊・一部損壊以上の被害を受けた。気仙沼市全域の39%にあたり、市内でも特に津波被害の大きかった地区。

で学校にいた生徒、教師職員は全員無事でした。その思い出の詰まった校舎が「気仙沼市東日本大震災遺構・伝承館」として生まれ変わったのです。

この施設では、最初に伝承館で映像・画像を視聴してから震災遺構である校舎内へ移動、その後、再び伝承館に戻ってくるというコースをたどります。校舎内は、安全に移動してもらうために見学ルートの整備、体の不自由な方でも見学できるようにとエレベーターを設置した他は、流された瓦礫である自動車、松、建物残骸などが震災当時のまま残されています（図5・12）。当時の津波の破壊力や掃流力（ものを動かす力）を実感できます。

震災の記憶が薄れていく中で、これからを担っていく次世代に震災を「他人ごと」から「自分ごと」へ、そして「災害への備え」まで考えてもらえる場になることを願っています。

コラム⑤ 津波ものがたり ―じぶん防災プロジェクト

過去の震災や災害の経験を後世に伝え活かすためには、どのようなことが必要なのかを考えています。特に、様々な災害に対しては「自助」が大切ですので、各自が過去の経験や体験を自分ごとと捉え、そのうえでいざというときにどのようなことが起き、どう行動したらよいのかを整理しておくことが大切だと考えています。自分にとっての津波に関する「ものがたり」を創ってみることはどうでしょうか?

まず「ものがたり」を創るには、テーマ、シナリオ（台本）とスクリプト（時系列での行動）を決めることが重要です。主題や時期・時間、場所、対象メンバーなどの設定の下にシナリオを考えます。特に時々刻々何が起きているのか、何を実施したらよいかは、順番にスクリプトを作成していくと正確になり、さらには対応を判断する大切な基準になります。

「ものがたり」の表現方法は様々ありますので、映画・映像、作曲、劇、絵画、お祭り、イベント、避難訓練企画などに広がっていくと思います。創作活動は、単に津波について知を得るのではなく、いま注目されているアクティブラーニング（能動的学習）として、知を身につけることができます。アクティブラーニングとは、図に示すような「思考を活性化する」学習形態を指します。例えば実際にやってみて考える、意見を出し合って考える、わかりやすく情報をまとめ直すことで応用問題を解くなど、いろいろな活動を介してより深く理解できるようになることが期待されます。

「津波ものがたり」の創作や防災の知識を深めるために作成した小冊子があります。これは「津波から生き抜く じぶん防災プロジェクト」と名付けられました。読むだけのものでは

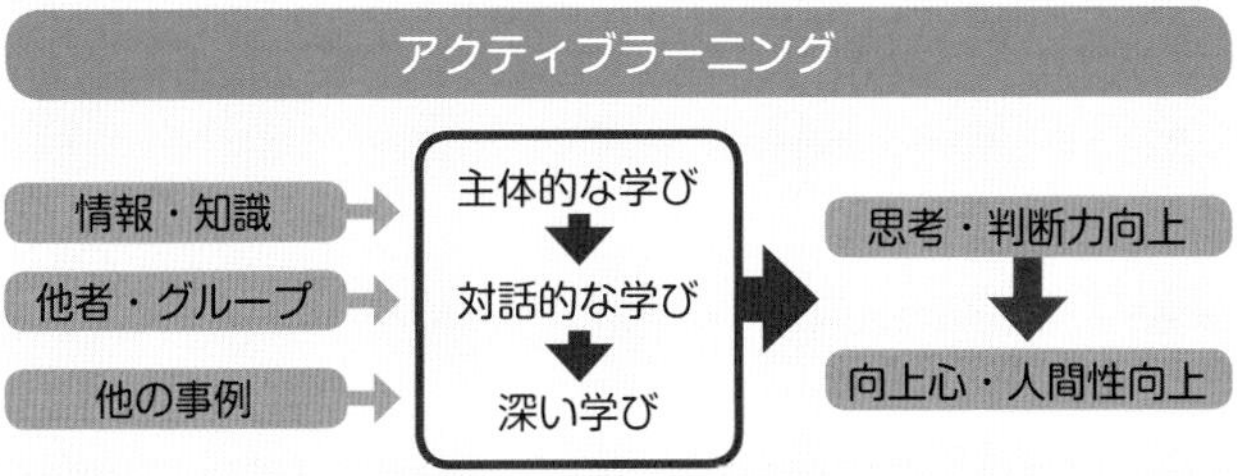

なく、東日本大震災の経験をもう一度振り返り、そもそも津波とは何かをあらためて知り、そして今度津波が襲ってきたときには、自分たちはどのように行動できるのかを考えるためのものです。大切なことは、皆さん一人一人が防災プロジェクトの主人公になるということ、津波から生き抜くために自分なりの必要な方法を発見することです。

「① 東日本大震災を津波災害の視点から振り返ろう
② 津波のきほんを理解しよう
③ 津波から生き抜くための、出来ることを今しよう」

この3項目から構成された冊子には、7枚のワークシートが付いています、スクリプト、避難認知マップ、町歩き、まとめなどですので、ぜひご覧下さい。

小冊子「じぶん防災プロジェクト」表紙

あとがき

2011（平成23）年3月11日から、あと1年で満10年（2021年）を迎えることになります。目に見える形で着実に復興が進む一方で、当時の被災の記憶が少しずつ風化して、被災地でも見えないものとなっている現実もあります。

当時の災害の状況を詳細に検証し記録として保管すること、また震災遺構など目に見える様々な形で保存していくこと、とても意義あることです。あのときの経験や教訓は、今後いつどこで起きるか分からない災害に対しても、命を守るヒントを与えてくれるからです。

特に、一般の津波、河川津波にかかわらず、災害の恐ろしさをリアリティを持って訴え続けることは、震災の脅威を風化させることなく伝承し、後世の人々にも防災・減災の意識と知識を届けることができるのです。

震災ではとても多くの人々が犠牲となってしまいました。鎮魂の場、亡くなった方々を偲ぶ場として遺構を保存することは尊いことです。津波、巨大津波にも負けずに持ちこたえた建物や施設があります。これらを保存することで、人々に希望を与える勇気づけとなり、復興のシンボルとなります。

一方で、津波によって町そのものが流されてしまった場所もあります。住み慣れた地域から移転を余儀なくされる人々も多数います。かつてそこにあった町、生活、伝統文化等の痕跡を留めるものを保存し、その息吹と記憶を後世に伝えることが残された私たちの大きな使命ではないでしょうか。

あとがき

本書によって、あの大震災が読者の方々の記憶の一端に留まり続け、またこれから発生するかもしれない災害への備え、意識の高まりにつなげていただけることを願わずにはいられません。

本書を出版するに当たり、津波・防災関係の研究者、地域での防災担当者、そして災害科学国際研究所津波工学研究室の皆さんに、資料作成・提供など大いにお世話になりました。特に、津波数値解析の可視化に当たっては、防災技術コンサルタント岩間俊二氏には、多大な協力を頂いています。また、「引き波の脅威」「河川津波」「黒い津波」などのテーマはＮＨＫスペシャル企画の中から生まれ、担当者の皆さまから多くの協力を頂きました。紙面をお借りして御礼を申し上げます。

本書の企画は1年半以上前にいただきましたが、なかなか執筆が進まず大変にご迷惑とご心配をおかけいたしました。成山堂書店の小川典子社長、編集グループ関係者の皆さまには、改めてお詫びと大いに感謝を申し上げます。

２０２０（令和2）年3月　著者

今村文彦 いまむら　ふみひこ

1961年、山梨県生まれ。工学博士。東北大学教授、東北大学災害科学国際研究所・所長。専門は津波工学および自然災害科学。津波工学の最先端の研究教育と地域の防災・減災力の向上に努めている。自然災害学会元会長、内閣府中央防災会議専門調査会委員など各種委員も歴任。津波工学者

＜著書＞

『東日本大震災を分析する1 地震・津波のメカニズムと被害の実態』(共著)、明石書店(2013年)

『東日本大震災を分析する2 震災と人間・まち・記録』(共著)、明石書店(2013年)

『津波の事典(縮刷版)』(共著)、朝倉書店(2011年)

『測地・津波(現代地球科学入門シリーズ 8)』(共著)、共立出版 (2013年)

『防災教育の展開 (シリーズ・防災を考える)』、東信堂 (2011年)

逆流《ぎゃくりゅう》する津波《つなみ》

―河川津波のメカニズム・脅威と防災―

定価はカバーに
表示してあります。

2020年3月28日　初版発行

著　者　今村文彦
発行者　小川典子
印　刷　株式会社シナノ
製　本　東京美術紙工協業組合

発行所　株式会社成山堂書店

〒160-0012　東京都新宿区南元町4番51　成山堂ビル
TEL:03（3357）5861　FAX:03（3357）5867
URL　http://www.seizando.co.jp

落丁・乱丁本はお取り換えいたしますので、小社営業チーム宛てにお送りください。

printed in Japan　ISBN978-4-425-51461-8

カバー写真提供:NHK

付　録

和文索引

索　　引

【た行】

索　引

【な行】

【は行】

索　引

【ま行・や行】

【ら行】

欧文索引

＊和欧混合含む

参考・引用文献

第１章

・首藤伸夫・今村文彦・佐竹健治・越村俊一・松冨英夫（2011）：『津波の辞典』、朝倉書店

・羽鳥徳太郎（1994）:「1498 〜 1993 年に日本近海で発生した津波の波源域分布（羽鳥、1994）講演会資料」、http://committees.jsce.or.jp/ceofnp/system/files/TA-MENU-J-02.pdf

・内閣府（2014）：『平成 26 年版 防災白書』、http://www.bousai.go.jp/kaigirep/hakusho/h26/（2019 年 12 月 8 日閲覧）

・根本信・横田崇・高瀬嗣郎・今村文彦：「2011 年 東北地方太平洋沖震の津波断層モデルの再検討―津波関連観測データをフル活用した推定―」、『日本地震工学会論文集』2019 年 19 巻 2 号、日本地震工学会

・前野　深（2019）：「2018 年インドネシア・クラカタウ火山噴火・津波」（updated on 15 January 2019）、http://www.eri.u-tokyo.ac.jp/VRC/krakatau/（2019 年 5 月 3 日閲覧）

・気象庁ホームページ：http://www.jma.go.jp/jma/index.html

・株式会社ウェザーニューズホームページ：https://weathernews.jp/

・グリーンランドでの氷河崩壊による津波事例：https://www.dailystar.co.uk/news/latest-news/623342/tsunami-greenland-video-illorsuit-nuugaatsiaq-uummannaq

・環太平洋津波警報センター：https://www.mprnews.org/story/2010/02/27/hawaii-calif-tsunami

第２章

・NHK（2018）：NHK スペシャル『〝河川津波″〜震災 7 年　知られざる脅威〜』、http://www6.nhk.or.jp/special/detail/index.html?aid=20180304

・国土技術研究センター（2007）、「津波の河川遡上解析の手引き 平成 19 年 5 月」http://www.jice.or.jp/cms/kokudo/pdf/tech/material/tsunami.pdf（2019 年 12 月 8 日閲覧）

・藤間功司・今村文彦・高橋智幸・谷岡勇市郎：「2003 年 十勝沖地震により発生した津波の特性」、『2003 年十勝沖地震被害調査報告会資料』、https://www.jsce.or.jp/report/25/pdf/tsunami.pdf、（2019 年 12 月 8 日閲覧）、公益社団法人 土木学会

参考・引用文献

・NHK（2019）：NHK スペシャル『黒い津波—知られざる実像』、https://www3.nhk.or.jp/news/special/shinsai8portal/kuroinami（2019 年 12 月 8 日閲覧）

・国土交通省東北地方整備局ホームページ：http://www.thr.mlit.go.jp/

第 3 章

・小谷美佐・今村文彦・首籐伸夫（1998）：「GIS を利用した津波遡上計算と被害推定法」、土木学会『海岸工学論文集』45 巻（日本土木工学会）

・津波ディジタルライブラリィ作成委員会「津波ディジタルライブラリィ」http://tsunami-dl.jp/docimg/044/fuzokugahoIIb_000_00.SectionB.jpg/medium（2019 年 12 月 8 日閲覧）

・国土交通省東北地方整備局「震災伝承館」:http://infra-archive311.jp/pic.html（2019 年 12 月 8 日閲覧）

・国土交通省東北地方整備局（2016）:「仙台湾南部海岸 直轄海岸保全施設整備事業」、http://www.thr.mlit.go.jp/bumon/b00097/k00360/h13jhyouka/281129/shiryou2804/161129kai ganbc.pdf、http://www.thr.mlit.go.jp/sendai/kasen_kaigan/kasenfukkou/hisai_abukuma.html（2019 年 12 月 8 日閲覧）

・国土交通省東北地方整備局仙台河川国道事務所ホームページ「だいすきみやぎのかわとみち」：http://www.thr.mlit.go.jp/sendai/kasen_kaigan/kasenfukkou/hisai_natori.html

・田中 仁ら（2006）：「スマトラ沖地震津波によるスリランカでの被害に関する現地調査—河川被害を中心として—」、『土木学会水工学論文集』第 50 巻 (日本土木工学会)

・首藤伸夫（1992）：「津波強度と被害」、『津波工学研究報告』、東北大学工学研究科附属災害制御研究センター

第 4 章

・防災科学技術研究所：「日本海溝海底地震家津波観測網 (S-net) 整備事業」、http://www.bosai.go.jp/inline/gallery/index.html

・今津雄吾・野竹宏彰・北後明彦・今村文彦（2014）：「東日本大震災で発生した津波火災における地形的影響の考察と津波火災危険度評価指標の提案」、日本自然災害学会誌『自然災害科学』vol.33・No.2、日本自然災害学会

参考・引用文献

第5章

・河北新報 ONLINE NEWS
：http://www.kahoku.co.jpnews/2011/04/20110403t13017.html

・「史都・多賀城 防災・減災アーカイブス たがじょう見聞憶 伝えよう千年後の未来へ。」（東北大学アーカイブプロジェクト協力）：http://tagajo.irides.tohoku.ac.jp/index（2019 年 12 月 8 日閲覧）

・今村文彦（分担執筆、2016）：「TSUNAMI—津波から生き延びるために」、沿岸技術研究センター「TSUNAMI」改訂編集委員会

・一般社団法人 防災ガールホームページ：https://bosai-girl.com

・国土技術政策総合研究所（2018）：『津波に対する海岸堤防の「粘り強い構造」の要点』、http://www.nilim.go.jp/lab/bcg/kisya/journal/kisya20180903.pdf（2019 年 12 月 8 日閲覧）

・国土交通省：「津波防災地域づくりに関する法律」、https://www.mlit.go.jp/common/001034116.pdf（2019 年 12 月 8 日閲覧）

・子どものための危険学（旧危険学プロジェクト）「元 危険学プロジェクト 子どものための危険学土曜授業」、http://www.kikengaku.com/public/kyouzai/index.html（2019 年 12 月 8 日閲覧）

・川崎市政策情報誌『かわさき』第 37 号：http://www.city.kawasaki.jp/170/page/0000105224.html　（2019 年 12 月 8 日閲覧）

・浮くリュック「フロートパック」公式ホームページ：http://floatpack.jp/service/

・気仙沼市東日本大震災遺構・伝承館：http://www.kesennuma-memorial.jp（2019 年 12 月 8 日閲覧）

その他

・内閣府ホームページ「防災情報のページ」：http://www.bousai.go.jp/index.html

・一般財団法人　3.11 伝承ロード推進機構ホームページ「3.11 伝承ロード」：http://www.311densyo.or.jp/denshoroad/index.html

津波に関する伝承施設や博物館

奥尻島津波館

〒043-1521　北海道奥尻郡奥尻町字青苗

1993（平成5）年7月12日に発生した北海道南西沖地震による大津波災害の記憶と教訓、そして全国から寄せられた復興支援への感謝を後世に伝える。

八戸市みなと体験学習館

〒031-0812　青森県八戸市大字湊町字館鼻67番地7（館鼻公園内）

大震災の地震発生から復旧・復興までの歩みを映像音響装置や被災写真を用いたグラフィック年表で紹介。津波映像アーカイブの展示等もあり、津波の脅威を後世に伝える。

津波遺構 たろう観光ホテル

〒027-0323　岩手県宮古市田老字野原８０番地１

大震災で高さ17メートルを超えると言われる津波の被害を受け、一部は柱を残して流失したものの、倒壊することなく留まった「たろう観光ホテル」を保存整備。

たろう潮里ステーション

〒027-0307　岩手県宮古市田老二丁目５番１号

三陸鉄道田老駅に併設されていた観光案内所が大震災による津波で全壊したことから、道の駅たろうの移転整備に併せて、道の駅たろうの観光案内所として移転復旧した施設。

大船渡津波伝承館（大船渡市防災観光交流センター）

〒022-0002　岩手県大船渡市大船渡町字茶屋前7-6

大震災で学んだ自然の怖さ、人間の強さ、自然の恵みを忘れないため、100年、1000年と伝承し続けるために設立された。大津波の脅威と経験を、映像や語り部を通じて後世に伝える。

大船渡市立博物館

〒022-0001　岩手県大船渡市末崎町字大浜221-86

映像コンテンツ「荒れ狂う海～津波常習地・大船渡～」を展示。これは、市民が撮影した東日本大震災津波のほか、明治29年、昭和8年、昭和35年（チリ地震津波）の津波の記録と教訓をまとめたもの。

潮目

〒022-0101　岩手県大船渡市三陸町越喜来字肥ノ田30-10

地元の片山和一良さんが旧越喜来小学校の傍らに造った津波資料館。津波被害を受けた越喜来の建物の部品を集めて造られており、中では震災時の越喜来の写真や以前の街の様子などが展示、旧越喜来小学校にあった非常階段（子供たち・先生方が全員無事避難）も移設。

うのすまい・トモス

〒 026-0301　岩手県釜石市鵜住居町第 16 地割 72 番地 1

いのちをつなぐ未来館、釜石祈りのパークなど複数の公共施設を一体的に整備し、大震災の記憶や教訓を将来に伝え地域交流、観光の拠点となる鵜住居駅前エリア。

東日本大震災津波伝承館（いわて TSUNAMI メモリアル）

〒 029-2204　岩手県陸前高田市気仙町字土手影 180 番地

高田松原津波復興祈念公園内にあり、国営追悼・祈念施設と重点道の駅「高田松原」と一体的に整備された。震災津波の破壊力や脅威を実感でき、受け継がれてきた先人の英知から命を守るための教訓が学べる施設。

高田松原国営追悼・祈念公園

〒 029-2204　岩手県陸前高田市気仙町字土手影地内

県立高田松原津波復興祈念公園の中に設置され、「東日本大震災津波伝承館」、道の駅「高田松原」や奇跡の一本松など周辺の津波遺構等とともに、大震災による犠牲者への追悼と鎮魂や震災伝承、復興への誓いを発信する。

大槌町文化交流センター おしゃっち

〒 028-1117　岩手県上閉伊郡大槌町末広町 1 番 15 号

津波による犠牲者 621 名の生前の様子と被災状況をまとめた「生きた証回顧録」を展示。

東日本大震災　学習・資料室

〒 981-3194　宮城県仙台市泉区八乙女 4-2-2（みやぎ生協文化会館ウィズ内）

震災被害の状況や発災以降のみやぎ生協の取り組みについて、パネル展示やシアタールームも備えて映像でも紹介する。

せんだい 3.11 メモリアル交流館

〒 984-0032　宮城県仙台市若林区荒井字沓形 85-4（地下鉄東西線荒井駅舎内）

震災被害や復旧・復興状況を伝える常設展と、様々なテーマごとに震災を伝える企画展で構成。甚大な被害を受けた仙台東部沿岸地域への玄関口に位置し、震災の記憶と経験、知恵と教訓を伝えるための拠点。

震災遺構 仙台市立荒浜小学校

〒 984-0033　宮城県仙台市若林区荒浜字新堀端 32-1

大震災当時、児童や教職員、地域住民等 320 人が避難した荒浜小学校。2 階まで津波が押し寄せ被災した校舎のありのままの姿を残し公開、被災直後の写真展示等と併せて津波の威力や脅威を伝える。

NHK仙台拠点放送局

〒 980-8435　宮城県仙台市青葉区本町 2-20-1

「見て・体験して・学んでいただくことで震災の記憶を後世に伝える」をコンセプトに、地震発生時からＮＨＫが伝えたニュース映像やＶＲを活用した震災疑似体験コーナー、ＮＨＫが放送してきた震災関連番組を上映するシアターなど常設展示する。

東北地方整備局展示コーナー

〒980-8602　宮城県仙台市青葉区本町 3-3-1　仙台合同庁舎Ｂ棟　行政情報プラザ内

仙台合同庁舎Ｂ棟１Ｆ行政情報プラザ内に設置した東北地方整備局展示ブースで、津波により被災した車両や各標識、回収された様々な機器等をモニュメントとして展示、発災直後から復旧・復興に至る過程をパネルにより紹介。

石巻ニューゼ

〒986-0835　宮城県石巻市中央２丁目 8-2　ホシノボックスピア１Ｆ

石巻市中心部で大震災の記憶を未来へと「つなぐ」民間の情報発信基地。市街地模型、石巻津波ジオラマ、地元メディアが伝えた 3.11、ボランティアの活動記録や住民の防災の取り組みを展示。「石巻津波伝承ＡＲ」アプリを使った「防災まちあるき」等の震災学習プログラムの拠点。

震災伝承スペース つなぐ館

〒986-0835　宮城県石巻市中央２丁目 8-2　ホシノボックスピア１Ｆ

石巻市中心部で大震災の記憶を未来へと「つなぐ」民間の情報発信基地。市街地模型、石巻津波ジオラマ、地元メディアが伝えた 3.11、ボランティアの活動記録や住民の防災の取り組みを展示。「石巻津波伝承ＡＲ」アプリを使った「防災まちあるき」等の震災学習プログラムの拠点。

東日本大震災メモリアル南浜 つなぐ館

〒986-0835　宮城県石巻市南浜町３丁目 1-24

大震災で流出した南浜・門脇地区の震災前の街並み復元模型や震災直後の様子のＶＲグラス、地域住民への聞き取りによる「町の記憶」、震災遺構・旧門脇小学校校舎の３次元モデル等、避難の教訓を可視化した展示。公開語り部やフィールドツアー等の震災学習プログラムも開催。

髙橋邸倉庫

〒986-1111　宮城県石巻市鹿又字新田町浦 69

Ｍ 9.0 の巨大地震と津波で変わり果てた地元：石巻市であちこちに点在する遺物を見て、ここに有った物や起きたことの大きさを残していきたいという思いから、行政や関係機関の理解と協力を貰いながら、2014 年春ごろから収集を開始して、整理・展示。

唐桑半島ビジターセンター・津波体験館

〒988-0554　宮城県気仙沼市唐桑町崎浜 4-3

三陸海岸と関係の深い「津波」をテーマに、ストーリー仕立てで映像・音・振動・風を利用した疑似津波を体験できる。津波の起る仕組みを水槽を使って説明したり、過去に大被害をもたらした三陸大津波の記録を展示。津波による悲劇を風化させず語り継ぎ、防災意識を喚起する施設。

リアス・アーク美術館

〒988-0171　宮城県気仙沼市赤岩牧沢 138-5

震災直後から２年間にわたって学芸員が行った気仙沼市・南三陸町の被害記録調査による「東日本大震災の記録と津波の災害史」を写真や被災物とともに常設展示。三陸地方における過去の津波災害の資料も展示し、津波と地域文化の関係、海との関わりを伝える。

気仙沼市 東日本大震災遺構・伝承館

〒988-0246　宮城県気仙沼市波路上瀬向９番地１

映像や写真パネルにより被災の様子を伝えるとともに、被災直後の「気仙沼向洋高校旧校舎」の姿を留めたまま震災遺構として保存。警鐘を鳴らし続ける「目に見える証」である震災遺構と、防災・減災教育の拠点として整備された震災伝承館を一体的に観覧できる。

津波復興祈念資料館　閖上の記憶

〒981-1213　宮城県名取市閖上五丁目 23-20

震災から１年後に閖上中学遺族会が建立した慰霊碑を中心に、その慰霊碑を守る社務所、記帳所が併設され、閖上の方たちが集える場所、震災を伝える場所として特定非営利活動法人 地球のステージが開所、運営する津波復興祈念資料館。

岩沼市 千年希望の丘交流センター

〒989-2421　宮城県岩沼市下野郷字浜 177 番地

大震災の被災状況や復旧復興の取り組みを約 80 点のパネルと映像で紹介。市の沿岸 10 キロにわたって震災ガレキを用いて造成、整備された６つのメモリアル公園は、「緑の堤防」と呼ばれる園路でつながり、津波来襲時の避難場所や減災・防災の役割も担う復興のシンボルである。

いわぬまひつじ村

〒989-2423　宮城県岩沼市押分字須加原 61

岩沼市と（公社）青年海外協力協会の連携により、震災により壊滅した集落跡地（災害危険区域に指定）を区画はそのまま活用して、羊の牧場や農園、広場、ドッグランなどを備えた複合施設として再生された。沿岸地区の有効活用と、地域と震災の記憶の風化防止を図る。

東松島市 東日本大震災復興祈念公園

〒981-0411　宮城県東松島市野蒜字北余景 56-36

東松島市野蒜地区で、震災遺構や震災復興伝承館と一体で整備された震災復興メモリアルパーク。大震災前の東松島の姿、残した爪痕、復興の過程を写真パネルや映像で伝える震災復興伝承館、慰霊碑を設置した祈念広場、震災遺構の「旧野蒜駅プラットホーム」からなる。

塩竈市津波防災センター

〒985-0016　宮城県塩竈市港町一丁目４番１号

タペストリーと映像による大震災発災後の１週間に焦点をあてた「7 日間の記録」、海上保安庁の巡視船まつしま（震災当時）が撮影した大波を乗り越える映像や船内で使用された羅針盤機器、塩竈市と周辺の地形と津波浸水区域が分かる立体模型や津波についての資料を展示。

石田沢防災センター

〒981-0213　宮城県宮城郡松島町松島字石田沢 12-2

「防災センター棟」では、震災発生時の初期対応から復旧・復興までの歩みや道路、河川、港湾の各業務の取組状況などを映像等で紹介。災害時には帰宅困難となった地域住民や観光客等を受け入れる避難施設として、平常時は消防団の防災訓練や団体等の研修、各種訓練で使用。

津波に関する伝承施設や博物館

亘理町立　郷土資料館

〒989-2351　宮城県亘理郡亘理町字西郷 140

亘理町の歴史・文化を学ぶことができる文化発信基地としての役割を担い、大震災後は、展示パネルや映像資料を用いて、直後の亘理町の様子や当時の被害状況、亘理町の復興について学ぶことができる施設。

相馬市伝承鎮魂祈念館

〒976-0021　福島県相馬市原釜字大津 270 番地

大震災によって失われた相馬市の尾浜・原釜地区、磯部地区の原風景と被災の経験と得られた教訓を後世に伝えるために、地域の催しの写真や震災当日の映像記録などを展示。

相馬市防災備蓄倉庫

〒979-2533　福島県相馬市坪田字宮東 25 番地

有事の備蓄倉庫の機能以外に、平時では自治体との地域間交流や防災教育研修の施設としての役割も担う。敷地内の鎮魂広場には、地震発生直後に発令された「大津波警報」の下、最前線で避難の広報と誘導を行い殉職した 10 名の消防団員を称える「相馬市殉職消防団員顕彰碑」を建立。

アクアマリンふくしま

〒971-8101　福島県いわき市小名浜字辰巳町 50 番地

来館者に対し、当館の大震災の地震や津波による被災状況、再開するまでの道のりをシアター等において説明（団体のみ・要予約）。地震による地盤沈下で擁壁の高さが変化した様子など、施設復旧後もなお残る震災の爪痕を見ることができる。

いわき市ライブいわきミュウじあむ「3.11 いわきの東日本大震災展」

〒971-8101　福島県いわき市小名浜字辰巳町 43 番地の 1

アクアマリンパーク内にあるライブいわきミュウじあむに設置された「3・11 いわきの東日本大震災展」では、大震災当時の状況や復旧・復興に向けての歩みを展示パネル、映像、ミニシアターによって紹介している。

いわき市地域防災交流センター 久之浜・大久ふれあい館

〒979-0333　福島県いわき市久之浜町久之浜字中町 32

館内の防災まちづくり資料室では、大震災発生当時の被災者の声、津波の被災状況の写真や映像、マップ化した津波の遡上状況やハザードマップなど震災資料を展示。展示以外の写真他資料もファイリング・アーカイブ化され閲覧可。

みんなの交流館　ならは CANvas

〒979-0604　福島県双葉郡楢葉町大字北田字中満 260 番地

ワークショップで語られた町民の意見から、まちの目印、復興の象徴として建設された交流施設。施設の一部に被災家屋の木材や解体された小学校の椅子等が再利用されている。パネル展示等で震災の記憶と復興の歩みを発信。

津波に関する伝承施設や博物館

津波防災対策ビューポイント“みるーる天神”

〒979-0403　福島県双葉郡広野町下浅見川

大震災の津波により被災した広野町駅東地区の防災力を高めるため、海岸堤防や県道が機能的に配置され、多重防御による復興まちづくりを支える重要な施設として整備された。地域住民が「ひろの防災緑地サポーターズクラブ」を結成し、その管理、運用に積極的に関わっている。

ひろの防災緑地

〒971-8101　福島県いわき市小名浜字辰巳町50番地

来館者に対し、当館の大震災の地震や津波による被災状況、再開するまでの道のりをシアター等において説明（団体のみ・要予約）。地震による地盤沈下で擁壁の高さが変化した様子など、施設復旧後もなお残る震災の爪痕を見ることができる。

防災体験学習施設「そなエリア東京」

〒135-0063　東京都江東区有明３丁目８番35号　東京臨海広域防災公園内

防災体験ゾーンにある「津波避難体験コーナー」では、映像や壁面グラフィックで、津波について正しい知識を学ぶことができる。

東海大学海洋博物館 海のはくぶつかん

〒424-8620　静岡県静岡市清水区三保2389

屋外には、波浪水槽、津波実験水槽の２つの水槽があり、津波の仕組みや様々な波の動きを再現できる。津波実験水槽では、本物と同じメカニズムで発生させた津波の実演も観察できる。

津波・高潮ステーション

〒550-0006　大阪市西区江之子島2-1-64

海抜０m地帯（地表の高さが満潮時の平均海水面よりも低い土地）を多く抱える大阪の、津波・高潮が発生したときの防災拠点および津波・高潮災害に関する啓発拠点となる施設。「展示棟」ではかつて大阪を襲った高潮の記録や、予測される東南海・南海地震と津波についての正しい知識を紹介する。

稲むらの火の館（濱口梧陵記念館／津波防災教育センター）

〒643-0071　和歌山県有田郡広川町広671

2007(平成19）年４月、濱口梧陵の偉業と精神、教訓を学び受け継いでいくことを目的に、濱口梧陵記念館と津波防災教育センターからなる「稲むらの火の館」が誕生。

※展示等の詳細については、変更となることもありますので、直接ご確認ください。
参考:「3.11震災伝承ロード」(参考URL　http://www.311densyo.or.jp/)ほか、各ホームページなど。

※付録「索引」「参考・引用文献」「津波に関する伝承施設や博物館」は巻末からご覧ください。